二十四节气的
生命智慧
与时间美学

天地有节

黄耀红////著

漓江出版社

·桂林·

图书在版编目（ＣＩＰ）数据

天地有节：二十四节气的生命智慧与时间美学 / 黄耀红著. — 桂林：漓江出版社, 2024.10
　ISBN 978-7-5407-9792-8

　Ⅰ.①天… Ⅱ.①黄… Ⅲ.①二十四节气 – 普及读物
Ⅳ.①P462–49

中国国家版本馆CIP数据核字(2024)第082455号

天地有节：二十四节气的生命智慧与时间美学

TIANDI YOU JIE：ERSHISI JIEQI DE SHENGMING ZHIHUI YU SHIJIAN MEIXUE

作者　黄耀红

出版人　刘迪才
出版统筹　文龙玉
责任编辑　章勤璐
助理编辑　覃滟迪
书籍设计　石绍康
责任监印　黄菲菲

出版发行　漓江出版社有限公司
社址　广西桂林市南环路22号
邮编　541002
发行电话　010-85891290　0773-2582200
邮购热线　0773-2582200
网址　www.lijiangbooks.com
微信公众号　lijiangpress

印制　天津嘉恒印务有限公司
开本　710 mm × 1000 mm　1/16
印张　14
字数　129千字
版次　2024年10月第1版
印次　2024年10月第1次印刷
书号　ISBN 978-7-5407-9792-8
定价　53.80元

立春···雨水···惊蛰···春分···清明···谷雨···立夏···小满···芒种···夏至···小暑···大暑···立秋···处暑···白露···秋分···寒露···霜降···立冬···小雪···大雪···冬至···小寒···大寒···

| | | | | | | | | | | | 001   目
录

目
录

自
序

日日行经的道旁，长着两棵开花的树。

一棵在小区出口，绚如红霞；另一棵在单位入口，静若翡翠。

从一棵树走向另一棵树，日子便有了生命的迎候。

自去年小暑始，忽而生出对时光与草木的兴致，亦借以开启了文字与节气同行的年度之旅。

这是一段奇妙的体验。时间，不再是日历与钟表，不再是数字和刻度，而是月下草丛中的蟋蟀，窗前映雪的寒梅，抑或，庭前燕归来，陌上杨柳青⋯⋯

"天何言哉？四时行焉，百物生焉。"

亘古天地，充盈着生生不息的力与美。老子曰："道生一，一生二，二生三，三生万物。万物负阴而抱阳，冲气以为和。"

"生"为创世之源，"冲"为相搏之力，"和"为平衡之美。

阳至极，阴始生；阴至极，阳始生。大道不偏亦不倚，宇宙无极而太极。形上世界的抽象，摇曳如阴阳鱼的圆融。

从此，天人相谐，物我无间，众生相爱。

屋顶，山峰，星空……当空间一层一层打开，这个蓝色星球上的一切"实有"，哪一样不是周而复始地旋转于"虚空"之中？前世，今生，来世……当时间一程一程打开，每一个风中芦苇般的生命，谁又能停下三生三世的执着与修行？

时空如此浩渺，却并不妨碍我们与天地共鸣。

江南的春雨那么轻盈，那么柔和，是不是对幽花嫩叶的天意垂怜？清明的天宇那么澄澈，那么干净，是不是为迎候自净土归来的魂灵？那一枝北国的青色麦穗，将满而未满，它是不是饱含至满则亏的人生提醒？

节气的天宇下，时间，是众生的语言；生命，是对话的密码。

因为节气，一片樟树叶由嫩红到老红，会激起生死的叹息；一朵野花的幽蓝或洁白，会引发寂寞的惊叹；一树蝉声或一行雁阵，会传递冷暖的消息；而风雨雷电、草长花开都可能接通先民最初的忧惧与欢欣……

当人类悄然卸却自以为是的盔甲，我们开始重新打量这个各美其美的世界。你发现，每一种生命的形状、质地、色彩、气味、声音，乃至明暗、强弱、虚实，都那样无与伦比，又这般独一无二。

当我们从可以名状的物性中发现不可名状的神性，眼、耳、鼻、舌、身便打开了另一重审美的境界，生命也开始呈现出不可思亦不可议的庄严。群山、长河、落日、草木、鸟兽，无一不是时间的孩子。

致广大，而尽精微。它们，以各不相同的方式为时间赋形，或如山间明月，或如空谷幽兰，或如溪涧鹂音。

时间不再只是线性和虚拟，空间亦不再只是方向与丈量。天地之间，充盈着"行到水穷处，坐看云起时"的生命气象，亦充满了人类对时间与空间的深深敬意。

每年立春、立夏、立秋、立冬之日，居庙堂之高的皇帝将率百官迎春于东郊，迎夏于南郊，迎秋于西郊，迎冬于北郊。

四时与四方，纵横交织；历史和世界，生生不息；云朵与大地，心心相印。

节气里的生命智慧，是天地和万物的前世约定，亦是诗与美的风云际会。

垄亩之上，最大的力量是种子，最美的姿势是耕耘。"种瓜得瓜，种豆得豆"关乎粮食与蔬菜，更关乎人生和哲学。"绿遍山原白满川，子规声里雨如烟"的初夏诗句里，有山与水的清新配色；而在"庭前垂柳珍重待春风"的"画九"风雅中，又有冬和春的深情相拥……

天地有节，四时有节，生命有节。

环看现实，太多的欲望如杂草疯长，太多的心灵与自然疏离。愈是意识到形为物役的生命之痛，愈是感觉到"节"的发音是古朴而深刻的提醒。

　　节制，节律，节令。此间深意，并不仅仅因为中国的二十四节气赫然进入世界非物质文化遗产名录，更重要的，它本身就是形成于黄河流域的一泓智慧清泉。

　　而今，在烟花盛开的庭院，在明月朗照的井边，在坑坑洼洼的青石板上，我不知道，还有多少稚嫩的童音会在时间深处发出那清脆的回响：

　　"春雨惊春清谷天，夏满芒夏暑相连。秋处露秋寒霜降，冬雪雪冬小大寒……"

宋·佚名《田畯牧牛图》

01

立春

初候

东风解冻

↓

二候

蛰虫始振

↓

三候

鱼陟负冰

唐·元稹

春冬移律吕，
天地换星霜。
冰泮游鱼跃，
和风待柳芳。
早梅迎雨水，
残雪怯朝阳。
万物含新意，
同欢圣日长。

严冬终去暖春来，犹如测定音调的「律」和「吕」转换，天地间物换星移，转换星霜。此时已是冰冻消融，鱼儿在春水中欢快游动，和煦的春风将催动柳树的嫩绿芳华。早春之梅于春雨中渐次绽放，残雪在朝阳下日渐消退。万事万物都呈现一派清新、明媚的气象，仿佛一同祈祷这美好神圣的时光永驻。

立

清·任熊《万横香雪》

立
春

除却花红柳绿　沉默的力量从地下发生

阳光穿过云间的时候，一管纤毫在红色的纸间翩若惊鸿。

横如远黛，撇如新叶。每一笔提按，都是山川的觉醒；每一笔轻重，都有萌动的欢欣。

此刻，世界仿佛幻化成飞舞的笔画，从四面八方汇聚而来，汇成山水大地般的文字，而耳朵里开始响起那个奔走相告的古老发音——春。

立春，二十四节气之首。立者，始也。穿越漫长的苦寒等待，我们终于等来春之女神。

时间，从此进入了春天的地界。

从来没有哪个季节赢得过如此浩荡的歌咏。

五千年的春天，一直就在平平仄仄的诗行里踯躅。

春山春水，春风春雨，春草春花，春日春泥，春夜春心，春社春耕……如此繁复的春之饰名，恍如洞开了一个春天的语言世界，葳蕤生出一片古老诗意。

言春草，"春草明年绿，王孙归不归""天街小雨润如酥，草色遥看近却无"；言春水，"春水碧于天，画船听雨眠""离愁渐远渐无穷，迢迢不断如春水"；言春风，"春风又绿江南岸，明月何时照我还""桃李春风一杯酒，江湖夜雨十年灯"；言春雨，"随风潜入夜，润物细无声"；言春山，"人闲桂花落，夜静春山空"……

你说，这是春天之幸。我问，这是不是一种春天之困？

因为，在无数长短咏叹里，春天就这样落入了古典的重围。

语言剥夺了春天的版图，亦凝固了春天的审美。

不是吗？柳绿与桃红，成为公认的春之色；燕语和莺歌，成了公认的春之声；而播种与耕耘，又成了公认的春之颂……

春天，与其说是万象更新的四季开篇，莫如说是约定俗成的心灵图景。它成了铿锵的寓言家与代言者，代言生命、希望与爱。

从《诗经》之前至白话兴起的五四时代，几千年的春光几乎一直在韵语里荡漾。到了朱自清这里，无数伤春与惜春的格律才忽而从他的袖间抖落，他的笔下奏响那"堂堂溪水出前村"的白话春声。

春天像刚落地的娃娃，从头到脚都是新的，他生长着。

春天像小姑娘，花枝招展的，笑着，走着。

春天像健壮的青年，有铁一般的胳膊和腰脚，他领着我们上前去。

——朱自清《春》

朱自清的春天，是白话的春天，亲切得就像笑容，自然得如同草木。

然而，无论是古典的春天，抑或是白话的春天，它们都在纸上。你想啊，那薄薄的纸张，又哪里比得上大地的温润？那些格式化的象征与联想，又如何拼接得出春天的真实与完整？

别以为春天只有燕子的呢喃，那里也有野猫的饮泣；别以为春天只有群芳吐艳的浪漫，那里也有杜鹃啼血的忧伤；别以为春天只是美好的芳华，《红楼梦》里的"元春""迎春""探春""惜春"（谐音为"原应叹惜"）却道尽繁华散尽的苍凉与悲悯……

真实的春天，亦如真实的生命。

整个世界都在谛听，谛听那春到人间的第一个声音。然而，出乎你意料的，春天的第一声发音不在风中，不在水上，而在那最沉默、最深厚的大地之中。

眼前忽而浮现一个遥远而清晰的背影。

早在冬至的时候，他就弯腰俯身，将长短不一的十二根竹管插入松软的泥土。单数称为"律"，双数称作"吕"。每一根竹管里，都落满芦苇烧过的灰烬。冬至那天，其中一根竹管里的灰烬被地里的气息怦然吹动。那么轻，那么短，然而，它却是一阳复生的黄钟大吕。

而今，立春之后，大地奏响的却是一种号角之音。

这角音，残荷下的那颗种子听见，后院那条竹根也听见；远山听见，近水也听见；微风听见，细雨也听见；屋角的桃花听见，塘边的柳树也听见……

这一声春天的号令，竟以血流和心跳般的速度传遍了你的周身，也传遍世界的周身。

律回岁晚冰霜少，春到人间草木知。便觉眼前生意满，东风吹水绿参差。

——〔宋〕张栻《立春偶成》

在宋代理学家张栻眼里，立春之日，所有的文字如同知春的草木，而思想如同参差的绿水。春天的生生不息，亦如他在学问上的朝耕夕作。

如果说土地是岁月的图腾，那么立春则是大地的初心。

立春这一日，皇帝率三公九卿、诸侯大夫迎春于东郊，那是一场祈求丰收的庄严祭祀。

在民间，春天更弥漫着神性。一把木犁，一头犍牛，半匹红绸，响彻乡间的爆竹，以及种种吃食、宴饮与仪典，都让这个日子在寒意未退的空气中泛出红色的光晕。

春牛春杖，无限春风来海上。便丐春工，染得桃红似肉红。
春幡春胜，一阵春风吹酒醒。不似天涯，卷起杨花似雪花。

——〔宋〕苏轼《减字木兰花·立春》

这是苏东坡笔下的立春吧？有谁想到，写此作时，东坡已年届花甲，已从惠州再度南贬至儋州。当年在这个黎族聚居的岛上，文化落后，缺医少药。然而，这位生命仅剩下三年光阴的旷达男神，依然在孤悬海外的立春之日里生出如许美好的祈望。

他，听到了"无限春风来海上"的辽阔与温暖，也升腾起"卷起杨花似雪花"的纯洁与美意。

于他而言，境遇关乎人生。你顺，或不顺，立春，始终在那里。

古人以"东风解冻""蛰虫始振""鱼陟负冰"为立春三候。

"东风解冻"，那是何其美妙而神奇的生命过程啊，是不是如台湾作家张晓风《春之怀古》所写：

> 从绿意内敛的山头，一把雪再也撑不住了，噗嗤的一声，将冷脸笑成花面……

你或许还记得"蛰虫咸俯"为霜降第三候。而今，大地如一把竖琴，以它的角音惊起了蛰虫的酣梦。百虫的"俯"与"振"，亦如时间的低眉与仰面、沉睡和苏醒。可以想象，无数虫子，即将加入磅礴的春日歌吟。

如果说大地是春天的子宫，那么，江河就是她的血脉。

立春半月之后，水底闲游的鱼儿，忽而看见小鸭子的黄色脚掌，听见它们嘎嘎嘎地欢叫。朝着残冰犹在的浅水，它们一跃而起，于水面画出一道美丽的流线……

我发现，那么多春天的咏叹中，桃花与杜鹃都不曾缺席，黄鹂与燕子也不曾缺席，可是，地下冬眠的虫，水里悠游的鱼，这种沉默的力量，是否也曾获得过诗人的青睐呢？

02

雨水

初候

獭祭鱼

↓

二候

候雁北

↓

三候

草木萌动

唐·元稹

雨水洗春容，
平田已见龙。
祭鱼盈浦屿，
归雁过山峰。
云色轻还重，
风光淡又浓。
向春入二月，
花色影重重。

春雨淅淅沥沥，洗出天地间明媚的春色。原野上，远处云朵如潜龙舞动。水獭在解冻的河里捕食，将吃剩的鱼儿扔于汀洲，好似以鱼祭水。气温渐暖，大雁自南北归，掠过高耸山峰。云朵变幻莫测，一会儿薄云飘浮，一会儿厚雾遮日。原野春色层层叠叠，如画般且浓且淡。春天以她的节奏迈入二月天，人间将呈现花色万千、花影重重的烂漫景象。

雨

清·王翬《杏花春雨江南》

水

···立春···**雨水**···惊蛰···春分···清明···谷雨···立夏···小满···芒种···夏至···小暑···大暑···立秋···处暑···白露···秋分···寒露···霜降···立冬···小雪···大雪···冬至···小寒···大寒···

| | | | | | | | | | | |　　　　　　　011　　　　　　　　　　　　　　　　　　　雨
水

雨
水

这是春天的初心　柔和且坚定

　　春雨蒙蒙，远山含烟。你坐在檐下阶前，静听天地间冷翠的声响。你甚至忘了，雨水还是一个古老的节气，或是一段时间的命名。

　　一滴雨水，无异于一滴江南的早春。正如仲秋是一滴草木之露，深秋是一层板桥之霜，而冬天是一线远山之雪一样。一滴水的不同样子，轻轻化为一串时间的珠链。

　　水与时间的缠绵，从来是你中有我，我中有你。

　　大江东去的荡涤，滴水穿石的雕刻，更深露重的细数……时间的喻象里充满了水的柔和与坚定。

　　水流在大地之上，亦流在时间深处。就像雨，落入世间万里山川，亦落入你的半亩心田。

　　水是时间的写意。就像雨，是心事的布景。

　　天与人，总是神奇地化作生命的整体。

　　半月前，时间已然进入春天的地界。然而，那些青色的力量依然在远处踟蹰。

大地像一个沉睡日久的巨人，从东风呼唤里醒来，从宿根的悸动里醒来，从种子的胎音里醒来，从啼啭的鸟语里醒来。此刻，春之血脉、骨骼与筋络，如同旌旗一样在风里啪啪作响。

就在春天颤动的角音里，在料峭的风中，一个湿漉漉的音节正传遍无数山南水北，它叫雨水。

等待一场春雨，就像是等待一场天意，等待一场无远弗届的恩典。

《月令七十二候集解》云："正月中，天一生水。春始属木，然生木者，必水也，故立春后继之雨水。且东风既解冻，则散而为雨水矣。"

你说，还有怎样一种加持会胜过春天的雨水？

沙沙，沙沙，沙沙。人世间最柔和的声音，莫过如此吧。是的，那么弱的芽，那么细的叶，那么小的花，倘若不是出乎浩大的慈悲，怎么会如此轻言细语，又如此柔情深种？

天空，总是这样深深地懂得大地。

唯有霏霏细雨，才是春天对万物的爱意。在漫天垂怜的目光里，摇篮里那些嗷嗷待哺的稚花嫩叶，不可能承受住"白雨跳珠乱入船"的鞭打啊。

在一切幼小的生命面前，守望与呵护、期待和成全，原是至高无上的天意。明乎此，现代人又有什么理由在教育的辞典里写入那么多功利、急躁与粗暴？

立春 · **雨水** · 惊蛰 · 春分 · 清明 · 谷雨 · 立夏 · 小满 · 芒种 · 夏至 · 小暑 · 大暑 · 立秋 · 处暑 · 白露 · 秋分 · 寒露 · 霜降 · 立冬 · 小雪 · 大雪 · 冬至 · 小寒 · 大寒

| | | | | | | | | | | 013

雨
水

孟子说："君子之所以教者五：有如时雨化之者，有成德者，有达财者，有答问者，有私淑艾者。此五者，君子之所以教也。"

无论教育的言说如何姹紫嫣红，哪一种言说会像"春风化雨"四个字这样"致广大而尽精微"？

"随风潜入夜，润物细无声。"杜甫之后，似乎难以找到更美的春雨吟咏吧。那是公元761年的春天，五十岁的杜甫终于停下漂泊的脚步。在成都郊外的草堂，在那个泛着杏黄光亮的雨夜，诗人老瘦的皱纹里纵然布满了离乱与沧桑，他的心头却柔软得如同少年。

一夜喜雨，数点江山，万千造化。诗情与春雨，就那样密密地斜织着，仿佛是诗意迷蒙在春雨里，又像是春雨飘落在诗句中。

千丝万缕的雨水，牵起苍茫天地，亦牵起世道与人心。可以说，"雨"这个汉字意象里，生长着五千年不绝的诗情。

没有哪一句诗里的"雨"会完全相同。

杏花雨在早春，梧桐雨在晚秋；"山雨欲来风满楼"里有黑云压阵，"寒雨连江夜入吴"里有楚山孤零；"渭城朝雨"里有清新，"新朋旧雨"里有友情；"天街小雨润如酥"里有甜美，"多少楼台烟雨中"里有苍茫；"夜来风雨声，花落知多少"里有春天的伤逝，更有生命的悲悯……

即使不在诗里，又有哪一段人生不与风雨同行？

"更能消几番风雨，匆匆春又归去。"风雨是变幻的自然，又何尝不是起伏的人生？

雨为时间命名，时间亦在定义雨声。

少年听雨歌楼上，红烛昏罗帐。壮年听雨客舟中，江阔云低，断雁叫西风。而今听雨僧庐下，鬓已星星也。悲欢离合总无情，一任阶前，点滴到天明。

在老屋的石阶前，在雨打泡桐的清晨，在飞驰的列车窗下，不知多少次想起这些句子。

每一次想起，就像是一场岁月的重温。

青春，像一座歌楼；中年，像一叶客舟；晚岁，像一间僧庐。

莫非，勃发、飘零与归隐竟是一场人生的宿命？

雨是天地的对话，也是心语的弹奏。不同的雨，响起不同的弦外之音。

于是，听雨，就是听天地，听内心，听一切梦想与祈祷的声音。

世味年来薄似纱，谁令骑马客京华。小楼一夜听春雨，深巷明朝卖杏花。矮纸斜行闲作草，晴窗细乳戏分茶。素衣莫起风尘叹，犹及清明可到家。

这是陆游晚年的诗句吧？与李商隐的"秋阴不散霜飞晚，留得枯荷听雨声"一样，那么复杂的人生况味，只能交给淅淅沥沥的雨水去代言吧。

听雨，从来就是一种充满禅意的静与慧。

立春 · **雨水** · 惊蛰 · 春分 · 清明 · 谷雨 · 立夏 · 小满 · 芒种 · 夏至 · 小暑 · 大暑 · 立秋 · 处暑 · 白露 · 秋分 · 寒露 · 霜降 · 立冬 · 小雪 · 大雪 · 冬至 · 小寒 · 大寒

| | | | | | | | | | | | | | | | 015

雨
水

在 20 世纪 30 年代的西南联大，每遇南国雨季，那些临时搭建的铁皮教室就溅起啪啪啪的回声。当雨声盖过了先生的话语，先生便会在黑板上写下：静坐听雨。然后，师生便一起在雨里静穆。那是怎样一些宁静致远的博大心灵啊。

怎样长长的人生，终归是一蓑烟雨。未来与过往，故乡与远方，家国与江山，全在那雨的声响里。

余光中先生说："整个中国整部中国的历史无非是一张黑白片子，片头到片尾，一直是这样下着雨的。"在他的文字里，雨是古老的中国节奏，是黑色灰色的琴键，是同根同源的岛屿和大陆，是天各一方的痛与伤。

雨是耕夫的欢喜，却可能是诗人的忧伤。

20 世纪 20 年代，一个二十二岁的青年，撑着油纸伞，独自彷徨在江南的雨巷，他希望逢着一个"丁香一样的结着愁怨的姑娘"。那姑娘，可能叫爱情，可能叫理想，抑或叫生命的光亮。

这个叫戴望舒的年轻人，第一次将心中的寂寥和忧伤诉诸响亮的韵脚，写下这些充满象征的诗行。从此，雨巷的青石板上听得见孤独的清响。

文化与文学被赋予了雨水的气质和性格。然而，节气里的雨水，原本没有这么多平平仄仄的婉转，也没有这么多曲曲折折的寄托。

雨水就是雨水，就是天空对降水的号令。

"心事浩茫连广宇。"这时候，你最好坐到窗前看雨雾氤氲。

雨有雨的美，晴有晴的美，雨过天晴更是另一番滋味。正如苏轼笔下的西湖：

水光潋滟晴方好，山色空蒙雨亦奇。欲把西湖比西子，淡妆浓抹总相宜。

雨后往往充满着生命的惊喜。从日日经过的小园里走过，忽而就遇见了一树盛开的山茶，那么饱满，那么丰沛，那么圆润。浓绿与淡绿，深红和浅红，那留在花瓣间的晶莹雨珠里，仿佛闪烁着整个世界的从容与素雅。

其实，雨水远不只是落在诗人心里，它公平地落在众生心里，从无"分别心"。

雨水落在江河，游鱼听见水暖的消息；雨水洗过天空，南方的鸿雁听到归来的召唤；雨水落在山间田野，草木萌发出春天的初心。

先民们从雨水里听见了所有生命的感应，他们将"獭祭鱼""候雁北""草木萌动"视为雨水三候。

"獭祭鱼"是雨水之候，"豺乃祭兽"是霜降之候，"鹰乃祭鸟"是处暑之候。你看，水中之鱼，山中之豺，空中之鹰，它们与人间一样，都有一个共同的仪式，那就是"祭"。

或许，"祭"就是那贯通世俗与神明的精神超越，亦是万物归仁的价值纽带吧。禽兽尚如此秉持天意，何况乎万物之灵？

节气与节气之间是一种轮回。有去，就有回；有死，就有生。

你看，霜降里说"草木黄落"，到了雨水则是"草木萌动"。雨水降临后的人间，山川草木都因"萌动"而吐露风华。

白露里说"鸿雁归"，到了雨水又重申"候雁北"。白露时的大雁飞向南方；雨水时的大雁，则离开南方。

二十四节气的征候，永远都离不开花鸟虫鱼，而最被偏爱的却是雁。在传统文化里，大雁集"仁、义、礼、智、信"于一身，是愿力与信仰的象征。由是，佛教存放经书之楼，名之曰大雁塔。有情人之间的文字往来，谓之鸿雁传书。

江河，是时间的流逝；而雨水，是时间的样子。草木枯荣，大雁南北，燕子来去，它们都是时间的牵挂。

雨水如此催生万物，人类又如此背影匆匆。我不知道，花谢花飞之间，究竟有多少背影会赢得历史的追问或垂询？

惊蛰

唐·元稹

阳气初惊蛰，
韶光大地周。
桃花开蜀锦，
鹰老化春鸠。
时候争催迫，
萌芽互矩修。
人间务生事，
耕种满田畴。

惊蛰至，春天阳气上升，韶光显现，遍布四野。桃花绽放如艳丽的蜀地彩锦，天空飞翔的老鹰已换作春天的布谷鸟。春日美好的时光，争相催促着万物苏醒及生长，草木萌芽，节节拔高，相互缠绕，形态美如修剪成形。人们结束了冬天的休闲，开始为一年的生计而忙碌起来，田间野外，处处可见农人春日耕种的身影。

惊

清·禹之鼎《春耕草堂图》

蛰

惊
蛰

　　春雷惊破百虫　　看忙碌人间的梦与醒

　　整个冬天，天空都很安静，连飞鸟的影子都极少见到。

　　时间，仿佛被无数灰色的云朵注视，被一种期许和信念的光注视。直到有一天，那安静的时光终于被一场乍暖还寒的春雨濡湿。

　　这时候，九九消寒图的笔触里渐渐饱满了庭柳泛青的色彩，斜风细雨中听得见草木汁液的怦然心动，春天的脚步，从响彻于风中到掬起于水上，最后颤动在枝头。

　　天空开始了沉思。它始终记得，大地之下还是一个沉睡的世界，它属于百虫。

　　与人的世界相比，虫的世界如此熟悉，却又如此陌生。

　　几乎没有人去在意虫的一生，更不会在乎它的告别与归来。甚至，虫豸世界的毁灭或生存，人类也不见得关心。在我们匆忙的时间里，早就容不下一株植物的生死，或一头野兽的命运。

　　人类的高傲和孤独，足以遮蔽世间所有卑微的营生。

天空，显然不会是这种格局。在它眼里，春天的唤醒关乎众生。对草木、百兽、蝼蚁，无不与人类一视同仁。

终于，天空像神话里的盘古，凭借它蕴积了一个冬天的力量，以闪电驱散沉默，以雷音震荡山川，令一声尖厉的啸叫穿过地层。

这一声惊天的霹雳，就是惊蛰。

惊蛰，汉代以前称为"启蛰"，以避汉景帝讳而更名。这是二十四节气中的第三个节气，也是春天的第三个节气，标志着仲春时节的开始。

《月令七十二候集解》："二月节……万物出乎震，震为雷，故曰惊蛰，是蛰虫惊而出走矣。"蛰者，动物入冬藏伏土中，不饮不食；惊者，春雷惊醒冬眠的动物。

暖风是春天的提醒，惊蛰则是春天的雷音。

宇宙浩瀚，画在伏羲氏的八卦图上，却只有天、地、水、火、风、雷、山、泽。在先民眼里，世间一切变易的"理"和"数"，无不源于这八大"象"。

天地正位，日将月就，风雷相搏。雷，乃生命之能。

当惊蛰的雷声响起，你会豁然敞亮：原来，没有哪一个季节只有一副面孔，就像没有哪一种生命只存在一种可能。

春天有细雨润花的阴柔，亦有云天炸裂的阳刚；有俯首低眉的切切呢喃，亦有金刚怒目的石破天惊。

惊蛰，响彻梦与醒的边界。

于百虫而言，冬天不过是一个梦境。醒着的人间，忙碌而欢娱；

立春···雨水···**惊蛰**···春分···清明···谷雨···立夏···小满···芒种···夏至···小暑···大暑···立秋···处暑···白露···秋分···寒露···霜降···立冬···小雪···大雪···冬至···小寒···大寒···

| | | | | | | | | | | | 　　　　　023　　　　　

惊
蛰

虫声入梦，哪里还在意寒夜诗酒、红梅傲雪？

地上是醒，地下是梦。两个世界，一个时空。生命，亦幻亦真。

大地是百虫的温床，亦是人类的供养。它睡在沉默里，又醒在时间中。它掩埋着落叶，亦掩埋着时间。时间之下的文字，都在泥土里。

看吧，四羊方尊、金缕玉衣、三国竹简，哪一件文物不是一个时代的艺术与文明？更何况，地层之下还埋葬过那么多不安的思想与灵魂。

惊破百虫之梦的，是春天；而叫醒人类之梦的，是黎明。然而，人类绝不同于蝼蚁，他有自己的精神，他会站立在文明的高度，去重新定义梦与醒。人类的梦想，岂止像百虫一样穿越寒冬，它足以穿越生死，穿越千百年历史的烟云。

梦与醒之间，就是中国人的生死观：生如梦醒，死如长眠。梦与醒之间，也有中国人的时间观：历史可能沉睡，时代必然苏醒。

唯其如此，我们才敬仰那些思想的"惊蛰"，那叫醒过一个时代的"惊蛰"。

俄国十月革命是社会变革的"雷音"，哥白尼的"日心说"是科学革命的"雷音"，胡适的《文学改良刍议》是白话文学的"雷音"……

对于近代中国这头睡狮而言，来自西方的坚船利炮又何尝不是另一种"雷音"？

梦与醒，是自然生理，更是文化生命。这中间，藏着伟大的时间相对论。正如《逍遥游》里所说："朝菌不知晦朔，蟪蛄不知春秋，此小年也。楚之南有冥灵者，以五百岁为春，五百岁为秋；上古有大椿者，以八千岁为春，八千岁为秋，此大年也。"

惊蛰是一个春天的号令，又何尝不是千年春秋的号令？

"九九加一九，耕牛满地走。"惊蛰之后，一大片一大片的江南水田里，到处是春耕的忙碌。

童年的记忆里，毡子似的紫云英铺到天边。每当这时候，父亲就哼哧哼哧地赶着那头老水牛从田间走过。犁铧过处，泥土如书页一样翻开。

"耕耘"二字，从那时候起，就在我心间弥漫着青草的气息。

耕亦读，读亦耕。在千年农耕文明里，写字谓之笔耕，砚台谓之砚田。对我们而言，耕耘是最美的生命姿势，也是最大的生存哲学。

《易经》里说："见龙在田，天下文明。"在中国民间，有"二月二，龙抬头"之说。此时，天上的龙角星，状如矫龙昂首。是的，有耕耘，大地就是文章，生命就有亮光。

惊蛰之美，有声之雄浑，亦有色的妖艳、音之婉转。

一候"桃始华"，二候"仓庚鸣"，三候"鹰化为鸠"。此为古人所描述的惊蛰三候。

实在无法想象一个没有桃花盛开的春天。那不只是不完整，简直就是失去了春之魂。

记忆中的那片乡间老屋，黑瓦泥墙，简陋潮湿。然而，就在低矮的灶房屋角处，每年都会如期盛开一树桃花。那么明媚，那么深情，仿佛是春之神以她的画笔点染于斯，让一屋贫寒上绽放出一角欢娱和憧憬。

或许，一个乡间孩子的审美，就从一棵桃花那里启蒙吧？

桃之夭夭，灼灼其华。之子于归，宜其室家。

中国古人的爱情代言，其实不是玫瑰，而是桃花。这渊源，可追溯至《诗经》。桃花的美，契合了妙龄女子不期而遇的浪漫与热烈，又呼应着那一份内心隐秘的羞涩与缤纷。以桃花的气质与禀赋，实在没有理由不代言人间的缘分与爱情。

去年今日此门中，人面桃花相映红。人面不知何处去，桃花依旧笑春风。

崔护的这首绝句，并无妍词丽句，只任那人面与桃花的意象在时间里反复叠映。就在这叠映中，人们读到了情到深处的执念，亦读到了物是人非的沧桑。

其实，在所有的花木中，桃树最易老，桃花最易凋零。因此，桃花的美感里总藏着些许红颜命薄的悲情。然而，诗人们并不会陷入类似于林黛玉《葬花吟》的凄美之中。

古往今来，挣脱爱情隐喻的桃花，一样美得海阔天空。

"桃花潭水深千尺，不及汪伦送我情。"在李白笔下，桃花是他与朋友的友情。"玄都观里桃千树，尽是刘郎去后栽。"在刘禹锡笔下，桃花是他一生的沉浮。朗州十年之后，他奉召回京。不料又因此诗而开罪于权贵，再贬连州。那一年，他四十四岁。待他满面风霜地重回京城，时间又过去了近十年。玄都观的桃花不见，但他倔强的风骨依然如春日芬芳。

百亩庭中半是苔，桃花净尽菜花开。种桃道士归何处，前度刘郎今又来。

桃花开过，是杏花。杏花春雨里，黄鹂开始歌唱。那歌声，没有杜鹃的哀怨，只有花间的清新。

就像对于百虫了解无多一样，对于百鸟我们一样极其陌生。我们何曾像杜甫、白居易、王维、韦应物那样，将自己的目光与耳朵，交给那枝上黄鹂？

我们对黄鹂的了解，或许只在诗里吧。

"两个黄鹂鸣翠柳，一行白鹭上青天""几处早莺争暖树，谁家新燕啄春泥""漠漠水田飞白鹭，阴阴夏木啭黄鹂""独怜幽草涧边生，上有黄鹂深树鸣"……

与惊蛰的雷音不一样，黄鹂是春天的歌者，一个作词作曲演唱的全能歌者。

有时候，它却不解风情，惊了离人的春梦。"打起黄莺儿，莫教枝上啼。啼时惊妾梦，不得到辽西。"

立春···雨水···**惊蛰**···春分···清明···谷雨···立夏···小满···芒种···夏至···小暑···大暑···立秋···处暑···白露···秋分···寒露···霜降···立冬···小雪···大雪···冬至···小寒···大寒···

| | | | | | | | | | | | | | 　　　　　　027

惊
蛰

"鹰化为鸠",为惊蛰的第三候,这正是蔷薇花开的时候。

鸠者,布谷鸟也。古人见此鸟,以为老鹰所化。在他们看来,这所化之鸟,"口啄尚柔,不能捕鸟,瞪目忍饥,如痴而化"。二十四节气的征候里,总见这个"化"字。如寒露第二候为"雀入大水为蛤",即以为彩羽鸟雀化作了海滨贝壳。

莫非,这是先民对于时间与生命轮回的另一种表达?

相对于黄鹂鸣叫,布谷声里多了一份催春的节奏。

当"布谷——布谷——"的声音在云天外响起,我们的心里是否也洇开一片烟雨水乡?所有春天的祝福,是不是也一颗一颗地落入了软软的春之土壤?

此刻，阳气上升而阴气尚存，阴阳二气莫相争啊，春分时节，阴阳之气且各行其道。春雨来时，赏天空倏忽而至的闪电明明灭灭；乌云过处，听天外传来骤然作响的春雷轰轰隆隆。青翠的山色连接着如洗碧空，辽阔无边；林间花草妖娆，在日光照耀下分外明媚。梁间的燕子呢喃私语，似乎在谈论世情人事。

04

春分

唐·元稹

二气莫交争，
春分雨处行。
雨来看电影，
云过听雷声。
山色连天碧，
林花向日明。
梁间玄鸟语，
欲似解人情。

初候

玄鸟至

↓

二候

雷乃发声

↓

三候

始电

春

宋·惠崇《溪山春晓图》（局部）

春

春
分

东西文明分流交汇　唯世间法度不偏不倚

《月令七十二候集解》："春分，二月中。分者，半也，此当九十日之半，故谓之分。"《春秋繁露》说："春分者，阴阳相半也，故昼夜均而寒暑平。"

一个"分"字，让不偏不倚成为世间的法度；一个"分"字，又让斤斤计较成为权衡得失的机心。

你问春天，一山春草何以"分"？一溪春水何以"分"？一座烟雨迷蒙的楼台，一片风和日丽的春光，又从何处去找寻那条几何意义上的对称线？

春分之"分"，从来就不在那些具体而微的人事风景上，它属于超然形外的生命大时空。

此刻，且化为"其翼若垂天之云"的大鹏，逍遥于九万里之外吧。你看到，地球不过是一粒旋转的蔚蓝。宇宙找不到边界，云朵从不拥挤。越是空间浩瀚，你越觉自己是苍茫里的一粒尘埃。越过无数密集的人头与高傲的建筑，越过那自以为是的伟大与巍峨，我们置身于前所未有的大空间，安静地与太阳相对。

今天，它刚刚完成了一次美丽的旋转，正驻足于一个叫黄经零度的起点上。

太阳的光，像一根根琴弦，正直射在赤道之上，仿佛有种柔和声响，亦如秋分。太阳周而复始地行走于自己的空间和轨道，它的神意里只有众生。所谓黄道与赤道，都是人类的假想。

生命的秩序就在日将月就中形成。黑与白，昼与夜，阴与阳，此消彼长，相克相生。阴至极，而阳生；阳至极，而阴生。以北半球论，冬至白昼至短，随后渐长。夏至白昼至长，而后渐短。于冬至与夏至之间，春分之日则昼夜平分。南半球，反之。

阴阳，恍如奔流不息的血脉，悄然勾勒出一幅无形的"太极"。天地间，充满沛然之气。风云相搏，山水相依，众生相爱。

每年公历 3 月 20 日前后，太阳就出现在这个位置，不急不慢，不悲不喜，仿佛一场千古约定。

清代潘荣陛说："春分祭日，秋分祭月，乃国之大典，士民不得擅祀。"千百年来，每逢春分，皇城都有一场祭日大典。祭所在日坛，与月坛呼应。在先民心里，日月皆为神明。

太阳的神性远非只存在于中国文化里。今之伊朗、土耳其、阿富汗、乌兹别克斯坦等地，以春分为新年已有几千年历史。更为神秘的，则在玛雅文明的遗址里。

玛雅人创造了世间最完美的历法。在那里，太阳神基尼·阿奥的雕像，生着螺旋形眼睛，披着羽毛丰满的翅膀。玛雅人建起的库库尔坎金字塔，高约 30 米，四周分别由 91 级台阶围绕，塔顶为羽蛇神庙。台阶总数为 364 级，再加上塔顶神庙，共 365 级，刚好象征一个太阳年的 365 日。

每年春分的日落之时，太阳照着库库尔坎金字塔北面一组台阶的边墙，形成曲曲折折的七段等腰三角形。若连起底部雕刻的蛇头，仿佛有一条巨蛇正从塔顶向大地游来，它意味着羽蛇开始苏醒。至秋分，它又游回神庙。每一次，这个幻象持续 3 小时 22 分，分秒不差。

宇宙"大空间"如此不可思议地映射在神庙前的光影里。时空是生命的确证。与宇宙"大空间"相应的，是历史"大时间"。在"大时间"的流动中，我们会清晰地看到历史的更替，文明的盛衰。

国人称历史为"春秋"。按南怀瑾先生的解释，春秋不冷不热，天地均和，意味着我们在重现历史时不偏激，秉持一种"持平之论"。

春分之日，就以"持平之论"为立场，一起来回望东西方文明演进的轨迹吧。你发现，每一个当下都是时间的分野。背后，是历史的波谲云诡；前方，是未来的风雨迷蒙。

孔子与苏格拉底所处的时代，是人类文明共同的"轴心时代"。至公元 1 世纪左右，东西方文明"势均力敌"。公元 3—6 世纪，以西罗马帝国衰亡为标志的西方文明走向衰微，而以大唐盛世为标志的东方文明如朝暾喷薄。至公元 10 世纪的宋代，中国人口过亿，市场、外贸、科技、信用工具及社会福利，均领先于世界，特别是指

立春 · 雨水 · 惊蛰 · **春分** · 清明 · 谷雨 · 立夏 · 小满 · 芒种 · 夏至 · 小暑 · 大暑 · 立秋 · 处暑 · 白露 · 秋分 · 寒露 · 霜降 · 立冬 · 小雪 · 大雪 · 冬至 · 小寒 · 大寒

天地
有节   034

南针、火药、印刷术，成为这个时代改变世界的标志。正如陈寅恪先生所言，华夏文化"造极于赵宋之世"。也正是从此时开始，西方通过阿拉伯人、西班牙人，并凭借伊斯兰文明崛起的历史机遇，重回希腊古典文明的源头以汲取滋养，悄然完成了西方文明的历史再造。自 12 世纪起，西方文明孕育出人类的第一批大学；13 世纪的欧洲经济反超中国；在 14—16 世纪两百年间，西方文艺复兴运动更是风急天高。

14 世纪，成为东西方文明的一个分水岭。以中国为代表的东方文明坐失文明再造的历史机遇。元、明、清三代，政治上专制，经济上统制，社会上管制，闭关自守三百年，俨然成了自外于全球的一个"小宇宙"，他们对于欧洲工业革命、电气时代所带来的科技变革与社会进步，置若罔闻。直至 18 世纪末马戛尔尼访华，笼罩着这个庞大而古老帝国的神秘面纱与美好传说才被撕裂。他直指当时的中国是一艘"破败不堪的旧船"。自此以后的两百多年时间，西方文明一直在彰显其强劲的生命活力。

当宇宙"大空间"与历史"大时间"交织成你的视野，你会不会看见另一种高远而深刻的"分分合合"呢？

我们终归回到大地，回到每一个"耳得之而为声，目遇之而成色"的小时空。

春分到，桃红李白的时间都开在风里，天地间弥漫起酥软与芬芳。那微醺，亦如情欲蠢蠢。此时，江南铺开一大片一大片柔软的水田，等待着一颗颗饱满的稻种。万物皆怀春，人类岂能自禁？《周立春···雨水···惊蛰···**春分**···清明···谷雨···立夏···小满···芒种···夏至···小暑···大暑···立秋···处暑···白露···秋分···寒露···霜降···立冬···小雪···大雪···冬至···小寒···大寒···

035

春
分

礼·地官》云："中春之月，令会男女。于是时也，奔者不禁。"按远古习俗，春分前夜正是男欢女爱、纵情欢愉之时。赤裸裸的生命原力，曾在怎样浓香的夜色里喷薄横流啊。此种民间风习，亦曾传至日本。

春分麦起身，一刻值千金。

那点染于绿野间的小小身影，将一双脚深深踩入春泥，农夫的肢体便接通了天地的柔软与欢欣。而当他们从田间回到廊下，便又对着山外的天空兀自凝神。

"玄鸟至"，"雷乃发声"，"始电"。春分三候，如此简朴而古老。

玄鸟，即燕子。其身黑白，如阴阳；其声柔美，如呢喃；其踪有信，如神迹。春分归，秋分去，燕子是时间的信物。此鸟筑巢堂前，与人类相亲相爱，它如一串飘扬的音符，牵动着家园与远方；又像一把玄妙的剪，沿无形的中轴轻轻剪开春秋。

燕字，合"廿""口""北""火"而成。"廿"者，燕子自出壳至起飞，凡二十天时间。其生存，在于"口"的劳作与歌唱；其双翅，如"北"字造型；其迁徙，为温暖来，奔温暖去。

在三皇五帝的神话时代，玄鸟与凤鸟、青鸟、伯劳、丹鸟一样，均为少昊部落的鸟师。至商代，玄鸟更被视为其始祖。"天命玄鸟，降而生商。"《史记·殷本纪》载，契乃商祖，其母为简狄。阳春三月，简狄与帝喾行浴之时，"见玄鸟堕其卵，简狄取吞之，因孕，生契"。

曾经，燕子远非低低飞过的诗意，而是神圣至尊的生命来处。从那以后，历代帝王莫不以天降异象来述其身世，或见巨人足迹而孕，或梦真龙入怀而生。帝王降临世间的那一刻，无不"满室红光"。

然而燕子的庄严与神性，终归淹没在诗性里。自《诗经》起，它始终背负着一个古国的春天。

"旧时王谢堂前燕，飞入寻常百姓家"，燕子是历史，轻盈地飞进时代的家园；"几处早莺争暖树，谁家新燕啄春泥"，雏燕的欢歌里，永远是春天的新绿；"落花人独立，微雨燕双飞"，劳燕双飞处，离人落寞时；"细雨鱼儿出，微风燕子斜"，踏青于槛外，遣心于田园；"燕子飞时，绿水人家绕"，豁达的苏轼，连相思都如此清新悠远……

燕子飞过的天空，偶尔有深灰浅灰的雨云，在山前山后暗暗涌动。雨下了，不再在花叶间沙沙细语，它响亮地敲响黑色的瓦楞，敲响暮鼓与晨钟，并伴随电闪和雷鸣。

在混沌初开的岁月里，一道闪电就是一场生命的惊恐。人类的高贵与理性，正在于惶恐之后的探询。

东汉王充率先将雷电从神坛拉下，认定它是自然现象。至于雷电之形成，古人将之归于哲学。《淮南子·天文训》说："阴阳相薄，感而为雷，激而为霆。"崇尚实证的西方人不同，他们以探究为驱动，以知性为理路，一步步打开了"闪电"之门。自 17 世纪起，西方人以实验解开"电"的神秘。至 18 世纪，美国的富兰克林将风筝放至雷电交加的雨云之下，通过实验，将雷电描述为正负电荷。他是人类第一位正确阐述了"电"之性质的科学家。

自然的天启与神示，终归落脚为人间的发现与创造。"电"的发现，开启了一个文明的时代。电气成为继石器、青铜、铁器、蒸汽之后的时代表征，正如"移动互联网"之于当下，"智能机器人"之于未来。

春分含蕴着哲学的和谐与从容，又何尝不是一种科学昭示？好奇、玄思与实证，都将推进人类春天的进程。

05

清明

唐·元稹

清明来向晚，
山渌正光华。
杨柳先飞絮，
梧桐续放花。
鴐声知化鼠，
虹影指天涯。
已识风云意，
宁愁雨谷赊。

初候

桐始华

↓

二候

田鼠化为鴐

↓

三候

虹始见

清明时节，傍晚的云霞染红天空，山间清泉映着华光，光洁明净。先是杨柳花絮漫天飞舞，后是梧桐树陆续开花。听到鴐鸟的叫声，便知田鼠已不见踪影；彩虹飞架的弓影，气势直指天涯。天象风云早已了然于胸，何必为谷雨尚远而发愁呢！

清

明·文徵明《兰亭修禊图》

明

清
明

遍寻灵魂净土　还有什么比它辽阔而干净

还有哪两个汉字能如此安顿世界与人心？还有哪两个音节如此辽阔而从容？

清，明。

天清，水清，风清；日明，月明，花明。政治呼唤清明，社会呼唤清明，内心何尝不在渴求清明？

《历书》云："春分后十五日，斗指丁，为清明，时万物皆洁齐而清明，盖时当气清景明，万物皆显，因此得名。"

春天行至此，所有的"昏暗"留在身后，天地豁然开朗，万木欣欣向荣。

这是自然节令，亦是人间节日。

对现代人而言，清明的代言者是晚唐那个叫杜牧的诗人。

清明时节雨纷纷，路上行人欲断魂。借问酒家何处有，牧童遥

指杏花村。

细雨纷纷的哀愁，生死茫茫的伤痛，或许只有在杏花与酒的沉醉里，才能获得些许纾解吧？

每年到了这个时候，你穿过那条"山翠拂人衣"的幽径，将一串纸花挂在坟头，也挂在百鸟和鸣的风中。香烛燃过，鞭炮响过，你跪在小小的墓前喃喃细语，像一朵野花对着天空。

祖宗虽远，祭祀不可不诚；子孙虽愚，经书不可不读。

是的，这是生者对话逝者的日子，是子嗣祭奠先人的时刻，更是此岸寄语彼岸的约定。

天空，从来没有如此清朗明澈；山水，从来没有如此清幽明媚；内心，也从来没有如此清洁而光明。

你想，倘不是这等清明的人间，我们何以去迎候那么多来自净土的魂灵？

此刻，荆棘上的那朵白花，一尘不染；草丛里的那丛黄花，亮若星辰；而枝上的红樱，美得如此令人心醉，又寂寞得令人心疼。极目望去，有哪一朵花不在吐露漫山遍野的思念？

墓祭之风，始于战国。唐代以前，最大的祭扫之日不在清明，而在寒食，唐太宗甚至曾为此下令。尔后一千多年，寒食、清明并提，皆为祭扫之日，正如白居易所咏："乌啼鹊噪昏乔木，清明寒食谁家哭。"宋元之后，清明才逐渐取代了寒食。

何为寒食？寒食者，冷食也。于先民而言，一枚火种犹如一尊人间神祇。一年之内，熄旧火，续新火，那种神圣无异于今人对奥运火炬的态度。

春城无处不飞花，寒食东风御柳斜。日暮汉宫传蜡烛，轻烟散入五侯家。

按唐代风俗，寒食禁烟。至清明之日，皇帝会将宫中所钻的榆柳之火赏赐近臣。

你知道，寒食、清明作为祭扫之日，与晋文公与介子推的传说相关。然而，千百年来，清明节的心情，那么深，又那么重，以至于人们渐渐忽略这个节令里的青色气息，亦渐渐丢失了原初意义的清明。

旧时的清明，是一段烂漫的春深时光。它涵括紧相毗连的上巳节、寒食节，而这两个消逝的节日里存留着太多属于春天的率性与本真。

三月三，曾是多么浪漫而风雅的一个节日啊。每年此时，青年男女相约于河畔水滨，纵情宴饮，纵情歌唱。他们将那芬芳的美酒洒向清清江水，以一丛兰草洗却周身的脏污。古人将这种自我清洁的仪式，称为"被禊"。

杜甫诗云："三月三日天气新，长安水边多丽人。"

风和日丽，水碧天清。人们以身心的干净去呼应天地的清明。然而，今天的三月三就像寒食节一样，全然变得陌生。

好在中国文学史、艺术史与教育史都为这个节日提供了生动的见证。

那是公元 353 年的春天，在绍兴，在兰亭。

那一天，天朗气清，惠风和畅。时任会稽内史的右军将军、大书法家王羲之，邀集四十一名王、谢世族子弟及江南名士会于山阴，一时间，"群贤毕至，少长咸集"。

一千六百多年过去，那撼人心魂的春日芳华，依然绽放在《兰亭集序》里。那不朽的文字与书法里，见得到崇山峻岭的苍翠，茂林修竹的幽雅，清流激湍的素洁，曲水流觞的欢畅。那么美的水色山声，那么美的天光云影，那么美的诗酒雅韵，终归，都是那稍纵即逝的风景。生命苍苍，春水泱泱。人间的美，都是如此匆遽。

"虽世殊事异，所以兴怀，其致一也。后之览者，亦将有感于斯文。"对人间美好的感怀，对天地大美的共鸣，那才是对于时间的坚强抵抗，才是对于生命有限的最大超越。

欣赏被誉为"中国行书第一帖"的《兰亭集序》，那里看得见生命俯仰、山水映带、感怀萦绕，亦看得见美之顾盼、生死之垂怜。那里有儒与道的"中和之美"，亦有"书圣"那一夜的酒香迷醉和自由心性。

那是怎样一种风雅，又是怎样一种清明呢？

三月"祓禊"之事，也记录在《论语》里。

在齐鲁大地上的沂水之滨，曾走过一行踏青者。孔子问志时，弟子说："莫春者，春服既成，冠者五六人，童子六七人，浴乎沂，

立春 · 雨水 · 惊蛰 · 春分 · **清明** · 谷雨 · 立夏 · 小满 · 芒种 · 夏至 · 小暑 · 大暑 · 立秋 · 处暑 · 白露 · 秋分 · 寒露 · 霜降 · 立冬 · 小雪 · 大雪 · 冬至 · 小寒 · 大寒

│ │ │ │ │ │ │ │ │ │ │ │ │ 　　　　　　　　　　045　　　　　　　　　　　清明

风乎舞雩，咏而归。"听到此处，孔子击节赞叹。就教育而言，还有什么境界可以高过美的召唤？

扫墓的清明，更多生命的背负；而雅集的清明，更见生命的自由。一杯敬过往，一杯敬未来，此之谓也。

古人说，清明有三候，一曰"桐始华"，二曰"田鼠化为鴽"，三曰"虹始见"。七十二候中，真正以花为候者，唯桃花、桐花与菊花。其中，惊蛰始于桃花灼灼，而清明始于桐花万里。

我在清明三候里，读到了一个词：干净。

小时候，老屋旁边生有几棵参天桐树。叶极大，雨点打在上面，砰砰作鼓声。此木长速惊人，木质却极其疏松。每年到了这个时候，站在树下仰望，桐花如一抹紫色的云霞。那些花，状如喇叭，外吐素白，而内含紫红。它们开得纵情，亦迅速凋零。几天之间，树底下便有厚厚的一层，宛如白色的纯洁、紫色的叹息。

"闻莺树下沉吟立，信马江头取次行。忽见紫桐花怅望，下邽明日是清明"，那是白居易的乡愁。"桐华应候催佳节，榆火推恩忝侍臣"，那是欧阳修的惜时。"桐花万里丹山路，雏凤清于老凤声"，那是李商隐的憧憬……

正如《诗经》所言："凤凰鸣矣，于彼高冈。梧桐生矣，于彼朝阳。"凤凰非梧桐不栖。莫非，在它眼里，梧桐才是世间的干净之地？

清明第二候说的是田鼠。此时，它们受不了阳光的煦暖，纷纷潜入地下，化作了羽毛干净的"鴽"。

久居城市，从来不曾关注过那种叫田鼠的小动物，倒是忽而想起两个与"鼠"相关的儿童绘本。

一个叫李欧·李奥尼的美国人，创作了一个全球孩子爱读的绘本故事《田鼠阿佛》。对人类而言，那更像是一个寓言。当其他田鼠忙着准备过冬食物时，这只叫阿佛的田鼠却在收集阳光、颜色与字词。他试图以一个干净而明媚的故事，去抵抗洞穴里的沉闷与平庸。

另一个叫维尔纳·霍尔茨瓦特的德国人，他创作的绘本是《是谁嗯嗯在我的头上》。一只鼹鼠拱出地面的时候，一坨"便便"正好掉到头顶。为了复仇，他找了鸽子、马、野兔、山羊、奶牛、猪，一一查看他们的"便便"，全都不是。最后，通过苍蝇，他才找到那个罪魁祸首，原来是狗。鼹鼠"以其人之道还治其人之身"，在熟睡中的狗的头上拉了一坨"便便"，然后仓皇逃到洞中。对于鼹鼠来说，那个美好而短暂的春天里，有没有一天是"干净"的呢？他没有闻过一次花香，也没有听过一声鸟鸣，闻够了各种粪便气味之后，春天就完了。

这分明是一个人类的寓言啊。

清明第三候是"虹始见"。虹，如今是多么难觅芳踪。那概率，或许远不及你见到那些名字里带"虹"的女性。

现代城市，早就让彩虹无处容身。虹，不能不选择更高远、更古老的地带，如雪域高原，如千年湖畔，如原野尽头。

立春···雨水···惊蛰···春分···**清明**···谷雨···立夏···小满···芒种···夏至···小暑···大暑···立秋···处暑···白露···秋分···寒露···霜降···立冬···小雪···大雪···冬至···小寒···大寒···

| | | | | | | | | | | | |　　　　　　　047　　　　　　　　　　　　　清
明

那里的天空，才叫干净。

是的，谁叫这个节气是清明呢？是清明，就得干净。

当你看见彩虹跨越山谷，我相信：细雨中会传来三月的鹧鸪声声。

谷雨时节，万物润泽的春景明媚如新，山川草木已盛，浓绿如黛。戴胜鸟在桑树间咕咕鸣叫，湖沼水面遍布浮萍。温暖的房舍里，幼蚕日夜生长；和煦的春风下，麦穗生香，荨草花摇曳多姿。布谷鸟空自掸拭羽毛，鸣叫不断，这是"布谷、布谷"催种谷物之声，还是亡国的蜀君望帝祈祷回家的"归去"哀鸣？若是后者，它凄厉的叫声真叫人不忍卒听。

唐·元稹

谷雨春光晓，
山川黛色青。
叶间鸣戴胜，
泽水长浮萍。
暖屋生蚕蚁，
喧风引麦葶。
鸣鸠徒拂羽，
信矣不堪听。

谷雨

初候

萍始生

↓

二候

鸣鸠拂其羽

↓

三候

戴胜降于桑

宋·梁楷《耕织图》（局部）

谷
雨

一个民族的细腻诗意何在

雨，天然一种文艺气质。

桃花雨、杏花雨、黄梅雨、梧桐雨、芭蕉雨，乃至春雨、秋雨、黄昏雨，江南雨……

哪一种雨的修饰，不是一个古典诗境？哪一种雨的叫法，不氤氲着东方美学？

唯独谷雨，不一样。

它朴素、沉着、明亮，却又饱满。

谷，雨。这两个奇妙的仄音组合到一起，像是天空押向大地的韵脚。相对于桃花雨、杏花雨，谷雨的意象、谷雨的声响里，自有一种蕴藉而执着的力量，带着雨水的质感和大地的胸怀。

我对谷雨的感觉，与其说源于"雨"，莫如说源于"谷"。

儿时的老屋里，立着一个硕大的木桶。高米许，径四尺，盖圆，箍竹为边。桶置于窗下，兼书桌之用。几十年过去，木桶不知所终，只是记得那桶里盛装的金黄稻谷。

那是红薯丝当饭的时代。一家老小的口粮，多在那个木桶里。每次我看见父亲揭开桶盖，一瓢一瓢将谷子倒入箩筐时，父亲的神情很肃穆。谷粒的明黄，衬着他那半头斑白。那沙沙作响的空气里，似乎存有一场无声的仪式。

或许，那正是青黄不接的时候吧。窗外飞着雨，抑或飘着雪，那一桶谷子，就像是一桶温情的安慰。一颗颗谷粒，亦如一粒粒阳光。双手捧起，是沉甸甸的喜悦。伸进谷堆，就像触到父亲那双正在田间劳作的手。

谷子，是大地的哲思。如果，花朵是大地的诗语的话。

一株禾苗，从分蘖、打苞、扬花到稻穗的渐渐饱满，轻轻低头，那过程是否有过姹紫嫣红的美丽？是否有过沁人心脾的芳菲？没有。然而，稻谷以其素净的本真托起了苍生。

谷子如此稳重、低调、含蓄，亦如泥土。每一粒谷，贮满了日月雨露的精华。然而，若不是将其碾成米粒，若不是进入烹米为饭的过程，你压根儿都不曾知道：原来稻米之中藏着足以盈室的生命清香。

一粒谷的记忆，显然不会没有"谷雨"。

谷雨，春天的最后一个节气。这节气，似乎有理由生出"花褪残红"的暮春伤感，或生出"长恨春归无觅处"的怅惘若失，然而，它没有。相反，这一段时光里听得见大地遇见五谷后那一种怦然心动。

立春···雨水···惊蛰···春分···清明···**谷雨**···立夏···小满···芒种···夏至···小暑···大暑···立秋···处暑···白露···秋分···寒露···霜降···立冬···小雪···大雪···冬至···小寒···大寒···

| | | | | | | | | | | | | 　　　　　　　　053　　　　　　　　　　　　　　　　　谷
雨

正如《月令七十二候集解》所说："三月中，自雨水后，土膏脉动，今又雨其谷于水也。雨读作去声，如'雨我公田'之雨。盖谷以此时播种，自上而下也。"

雨生百谷，这是自然天宇下的谷雨。在远古传说中，却有那么一个神奇的春夜，那夜天之所降，竟然不是雨滴，而是真实的谷粒。

这一场"谷雨"关系到文明史上一个极重要的人物，他叫仓颉。

传说中，仓颉为黄帝史官，受命创造文字。无数次徘徊于星空之下、田垄之上，仓颉仰观天象，俯察万类，云天、山川及鸟兽形迹均给他以摹画、象形的启示，终于以他为主，创造出以象形为核心的中国汉字。

按朱大可先生的说法，汉字成于商帝国中期，其实也是全球化的一个产物。汉字的形成过程并非孤立、封闭的，在形成过程中，也搜集并参照了当时埃及的象形字、苏美尔的楔形字及印度的印章符号。

今天，我们姑且不论文字创造的历史过程与场景，只要闭目遥想就会被深深震撼。对于人类生存而言，文字的出现究竟是怎样一种伟大与辉煌啊。有了文字，意味着记忆可以留存，时空可以超越，文明可以对话，文化可以交流，而人类的精神世界借以超越时空，我们从此拥有了人类的共同记忆及不老家园。是的，文字让人类成为一个浩荡的文明共同体。

还有什么样的人类创造比这更宏伟，更叫天地战栗，更叫鬼神惊惧？难怪《淮南子·本经训》说："昔者仓颉作书，而天雨粟，鬼

立春 · 雨水 · 惊蛰 · 春分 · 清明 · **谷雨** · 立夏 · 小满 · 芒种 · 夏至 · 小暑 · 大暑 · 立秋 · 处暑 · 白露 · 秋分 · 寒露 · 霜降 · 立冬 · 小雪 · 大雪 · 冬至 · 小寒 · 大寒

天地
有节   054

夜哭。"

每年谷雨节，在陕西白水县的仓颉故里，都有一场缅怀和祭祀文字始祖仓颉的盛典。我想，为什么偏偏让谷雨的传说与仓颉造字的神话相遇，走到了一起？

一滴雨，就是一粒谷；一粒谷，就是一个文字。

雨降于天，谷生于地，字出于人。因此，我们对于文字的审美，何尝不是秉持雨水与谷子的法度？

真正有益于人世的文字，总像谷子一样，饱满、充实而丰盈。凡是成了秕谷的文字，都是对雨水和大地的辜负。

谷雨的朴素与深刻，都在这里。

生长谷物的大地，也在生长乡愁。对游子而言，米饭的滋味就是故土的滋味，而一杯清茶，总倒映出家乡的天空。

中国南方，向来有谷雨摘茶的习俗。每逢这一天，漫山新嫩的茶叶会迎来无数采茶的手，他们都来采摘谷雨茶。芽叶肥硕，色泽翠绿，叶质柔软，富含多种维生素和氨基酸。

一杯谷雨茶在手，人们惊讶地看见，茶叶中有一芽一嫩叶的，亦有一芽两嫩叶的。前者像那一杆展开旌旗的枪，名曰"旗枪"；后者像鸟雀的舌头，名曰"雀舌"。谷雨茶的青绿，亦如江南的春天，明媚而风雅。

茶叶、丝绸与瓷器，都曾是古老的丝绸之路上的中国标签。谷雨茶也曾漂洋过海吧，人们是否从茶香里遥想过这里的谷雨、这边的天空呢？

　　谷雨，正值"江南草长，群莺乱飞"的暮春，这是一个勃发而伤感的季节。正如宋代词人蒋捷所写："流光容易把人抛，红了樱桃，绿了芭蕉。"此时，正是"杨花落尽子规啼"的春夏之交，南方回暖较快，到了播种五谷、棉花的最佳时机。

　　每一朵花，每一片叶，每一根藤蔓，全在春光里纵情。云天之下，山谷之间，春天的鼓点奏响了："布谷——布谷——布谷——"

　　在先民的描述中，谷雨有三候：一候"萍始生"，二候"鸣鸠拂其羽"，三候"戴胜降于桑"。

　　萍，一年生草本植物，浮生水面。叶扁平，绿色，背紫红，叶下生须根，上开白花，又称"浮萍"，亦称"紫萍"。

　　天地那么大，浮萍这样小。然而，它对于温暖和阳光却有着异乎寻常的敏感。因此，萍从来不只是一个节候的代言者，而是一个生命或爱情的代言者。

　　萍生水上，圆叶如钱，自有清丽之美。更重要的是，它漂泊无根，叫人想到生命本质和人生聚散。于是，少年天才王勃曾在《滕王阁序》里写道："关山难越，谁悲失路之人；萍水相逢，尽是他乡之客。"南宋将领文天祥亦曾感慨："山河破碎风飘絮，身世浮沉雨打萍。"清代词人纳兰性德也叹息过："半世浮萍随逝水，一宵冷雨葬名花。"

　　诗人们从浮萍上看见飘零或相逢，哲学家从飘摇于水上的青蘋中看见了联系与因果。此所谓"风起于青蘋之末"。

　　谷雨第二候说的是布谷鸟。或许，先民习惯于从鸟儿那里获得上天与远方的消息吧，七十二候中，竟有三分之一的征候提及鸟类。鹰、雁、玄鸟、仓庚、鹊、雉、百舌等近二十种鸟类都曾做了报告节候的使者。

谷雨时节，若不是"鸣鸠拂其羽"，若不是那声声布谷的春之旋律，或许，我们就不会生出如许情系五谷与苍生的悲悯吧？

第三候也在说鸟，戴胜鸟。此鸟长相极美，恍如穿戴了凤冠霞帔。在以色列，此鸟因漂亮的外形、吉祥的寓意而被公选为国鸟。

我不知自己是否见过戴胜鸟。即使见了，也不相识。鸟的世界那么大，我所认识的，只有喜鹊、黄莺之类。太多太多的鸟类，即使就在你的窗外，依然陌生难认。鸟类在地球上的生命史，远胜于人类，我们有什么理由对它傲慢呢？

桑，作为一种植物，却充满悠久而古老的情怀。

陶渊明有诗："狗吠深巷中，鸡鸣桑树颠。"桑树，是村居的标志。汉语里，有一个古典语词，叫桑梓，意即故乡。何故？古人喜欢在住宅周围栽植桑树、梓树，久之，便以树木代指故里。

种植桑树，为的是养蚕；种植梓树呢，为的是点灯。养蚕带来温暖，而点灯带来光明。由是，故乡本是那温暖而光明的所在。

在两千多年前的《诗经》里，桑树就成了所咏之辞、所比之物。

从"桑之未落，其叶沃若"到"桑之落矣，其黄而陨"，人们听到了一段"士也罔极，二三其德"的遥远幽怨。桑，是农耕文明时代的标志，它关乎人类的衣饰。

汉乐府里那位叫罗敷的绰约女子，那位令"耕者忘其犁，锄者忘其锄"的绝代佳人，烘托其出场的也是桑树，那是行走于春天的《陌上桑》啊。

而今，谷雨依旧，桑树亦渐渐稀少。若遇见一株桑树，请坐下来，坐在那里重温中国纺织史吧。从黄河流域、长江流域的古代丝织，到明清的南京织造与苏州织造，那些蚕丝织就的绫罗锦绣里，有无数逝去的岁月静好。

那是东方农业与手工业的一份荣光。一针一线的编织，编织着时间与美好。那样的质地与图案里，是不是沉淀着一个民族的细腻与安静、诗意和远方？

唐·元稹

欲知春与夏，
仲吕启朱明。
蚯蚓谁教出，
王瓜自合生。
帘蚕呈茧样，
林鸟哺雏声。
渐觉云峰好，
徐徐带雨行。

立夏

初候
蝼蝈鸣
↓
二候
蚯蚓出
↓
三候
王瓜生

想知道春夏如何交替？那就在阴历四月，请来火神朱明开启夏季吧！至于蚯蚓，是谁让它们爬出来的？王瓜藤蔓攀爬，蔓延而生。竹帘上，可见蚕儿们已作茧，林间树梢，但闻林鸟哺育幼雏之声。抬眼看远处山峰，云雾缭绕悦目，那是因为云雾徐徐而行，将降雨水以润泽万物！

立

明·吕文英《货郎图·夏景》

立
夏

回望先民岁月　一种浩然气象从夏天生长

夏，这音节里分明挟着一股力量，仿佛从草长莺飞的春日柔光里俯冲而来，任那线袅袅余音开出一朵天蓝色的喇叭花。

春，夏，秋，冬。四季之中，阴平者三，唯夏为去声。你想，若不是这个仄声字，三个平声字连在一起，是不是犯了格律上的"三平调"？

相对而言，世人似乎对春更加情有独钟。春回大地则喜，春去人间则伤，你见谁在乎过夏天的来来去去？带"春"的姓名多如繁星，又有多少人名字里会去带个"夏"字？

就像春天被语言拘禁了一样，夏天同样覆盖着大量标签。如柳荫，如冰镇，如星空。

我们回不到遥远的当初，也无法从文字的笔画里获知它的前世今生，更无法理解那沛然而兴的天地节令。

《岁华纪丽》曰："斗指东南维为立夏。"万物至此时皆长大，故名立夏也。《诗经·小雅·四月》开篇即是"四月维夏，六月徂暑"。"维夏"二字，令我想起一位湖湘人物：方维夏。一百多年前，他是第一师范的学监主任，兼博物与农业课教师。在那个新旧激荡的年代，维夏先生与孔昭绶、杨昌济、徐特立等人一样，热血未冷，变革维新。他们，恍如一束光，照进毛润之那些"同学少年"的青春里。

方维夏的大名，莫非就从这"四月维夏"或"斗指东南维为立夏"而来？

此刻，我只想越过那些夏天的诗句，漫溯至遥远的历史源头——叩问：为什么中国的第一个王朝自称为"夏"？为什么这个拥有五千年文明史的民族自称为"华夏"？为什么我们传统丈量岁月的方式称作"夏历"？

这是语词的偶然相遇，还是血脉的文化寻亲？

其实，无论如何演变，每一个方块汉字里，都安放着先民最初的心思。

《说文》说："夏，中国之人也。"中国，即中原，指黄河流域一带。在远古的农耕文明时代，"夏"是一个顶天立地劳作场景。那么健壮的一个人，他仰观太阳，顺乎天时；手持耕具，不负大地。夏，以一个耕者的形象代言了中原。夏族，即汉族。由此，"华夏"日后亦成为与"夷狄"相对的指称。

夏字上半从"頁"省，象人之形，凸显颈项，而面朝南方，下半部分象征人之两足，故有一说认为夏之本义即"持久向南"。

在先民心里，南方代表着太阳与炎热；在帝王那里，"面南"代立春····雨水····惊蛰···春分····清明····谷雨····立夏····小满····芒种···夏至····小暑····大暑···立秋····处暑····白露····秋分····寒露····霜降····立冬····小雪····大雪····冬至···小寒····大寒

| | | | | | | | | | | | 　　　　　　　063　　　　　　　　　　　　立
夏

表着尊严和权利。

诸神之战以后，禹的儿子启第一次建立起世袭皇权的人间秩序。这时候，他处于一个为历史命名的神圣时刻。那不是命名一个新生的婴儿，而是命名一个带血的王朝。斟酌再三，他郑重地选择了这个字：夏。

是的，夏天的生长，如此繁盛，如此丰沛，如此强劲。又还有哪一个文字比它更朴素，更庄严，更能承载那生生不息的江山宏愿？

有人说，夏朝之名，缘于夏后一族。那么，夏后之名，又缘于何处？我愿回到夏的语源里，寻找此间的原始图腾与浩然气象。

夏的原初语义，没有哪一条逊色于春秋，或屈让于冬韵。

《尔雅》曰："夏，大也。"如夏李、夏屋、夏海。后世有云："中国有礼仪之大，故称夏；有服章之美，谓之华。"由是，中国亦称"华夏"。《周礼》曰："秋染夏。"夏又有华彩、五彩之意。

夏这个季节，上承春光，下启秋色，有如一部盛大而华彩的时间乐章。阳光铿然叩响，白云状如奔马，午后风里飘香。

这乐章的第一个音符，就是立夏。"立，建始也……夏，假也。物至此时皆假大也。"

万物假天地之时而步入大开大合、大生大长的生命之旅。没有春的婉约，没有秋的肃杀，没有冬的严峻，夏的辞典里就是一派绿意盎然的生长。

对于古代皇宫而言，立夏是一场庄重的仪典。这一天，皇帝率百官至南郊迎夏，所到之处便是一片炫目的火红。礼服是朱色的，玉佩是朱色的，连马匹、车旗都要朱色的。那跳跃的朱红，是对赤日骄阳的礼赞，亦是对五谷丰收的祈求吧？

古人对每一个季节保持同样的虔敬：立春，迎于东郊；立夏，迎于南郊；立秋，迎于西郊；立冬，迎于北郊。

春、夏、秋、冬的时间无形，就这样轻易化作了东、南、西、北的空间象征。中国人的时空哲学，由此可观矣。

就像寒食赐新火一样，立夏这天，宫中亦有赐冰习俗。冰是上年冬天贮藏的，由皇帝赐给文武百官。

在民间，立夏之日犹如一次吃货的狂欢。与其说吃的是食物，不如说吃的是文化。因为，每一道饮食里都加入了一份消夏的期许。

立夏之食，或为饭，或为蛋，或为羹，或为饼，或为糊，或为茶，或为粥，或为豆，凡此种种，不一而足。

还有一个与"吃"相关的风俗，那就是立夏称体重。按旧时习俗，立夏这天，人们会在村口或台门里挂起一杆大木秤，秤钩上悬一把凳子，大家轮流坐到凳子上面称体重。司秤人一面看秤花，一面针对不同的人说出吉利如意的句子。

立夏过后，天气渐渐炎热。地里的瓜菜，树上的果实，枝头的浓绿，它们纷纷将这一季响亮的阳光与丰沛的雨水，化作了一桌故乡的田园，成为此生无法忘却的酸、甜、苦、辣。

我的童年记忆里，夏天是在舌尖上的。

在那些长长的午后，我们蹑手蹑脚踩着知了的叫声，绕过大人的午睡，只为越过山岭去偷张家的蟠桃、李家的青梅。或者，直接去上屋，以猴的身段蹿至酸枣树上，哗哗摇落那些或黄或青的果实。倘若累了，也可骑在近旁那株百年银杏的枝丫上，斜斜躺在密密丛丛的新叶间，任那南方的风吹动斑驳的光影。

土地给夏天以足够丰腴的馈赠啊。

父亲种植的南瓜大如脸盆，冬瓜长似扁担，紫豆角、青豆角谦卑而柔顺。庭前种的扁豆，满棚满架，黄蝴蝶、黑蝴蝶都在园子边翩然盘旋。黄瓜吃起来脆脆的，带着青色的气息；苦瓜可降火，佐以酸菜为汤，已然是此生挥不去的故园口味；茄子与丝瓜摘回之后，总会浸入清水之中；红苋菜稍稍久煮，竟有种鸡汤似的鲜美。太多的果蔬，喂养着夏天的胃。芋头、红薯、蕹菜、菜瓜、西瓜……

那时寻常人家并无冷饮，留在记忆深处的是那"白糖——绿豆——"的叫卖声，总有人骑着自行车，驮着小冰棒箱走村串户。

夏天如此多的美味，人们却依然以"苦夏"相称。或许是高温之下，人们很容易产生这样那样的不适吧。

好在夏天的田野路旁，到处都是母亲眼里的药方。夏枯草，可以清热；车前草，可以利尿；还有马齿苋，可以解毒；竹叶青、灯芯草、钩藤……它们都是那疗救人间的美丽草木。

我们甚至无法回到去年的夏天，又怎么回到遥远的先民岁月呢？

在先民那里，立夏有三候。一曰"蝼蝈鸣"，二曰"蚯蚓出"，三曰"王瓜生"。

···立春···雨水···惊蛰···春分···清明···谷雨···立夏···小满···芒种···夏至···小暑···大暑···立秋···处暑···白露···秋分···寒露···霜降···立冬···小雪···大雪···冬至···小寒···大寒···

天地
有节   066   ⏐⏐⏐⏐⏐⏐⏐⏐⏐⏐⏐⏐⏐

蝼蝈，小虫，生穴土中，好夜出，今人谓之土狗是也。夜间虫声简直是大自然的多重合奏，不得不惊讶于古人对自然的感知：他们何以知道此虫的鸣叫就从立夏开始？

蚯蚓，亦称"地龙"，今人惦记它时，多以之做钓饵也。敬畏大地的先民，似乎格外在乎蚯蚓的变化，以之作为大地之下的冷暖见证。按他们的记录：冬至日，蚯蚓结；立夏时，蚯蚓出。

这世上，没有哪一种动物，不是一个神秘的世界。美国人朵琳·克罗宁与哈利·布里斯联合创作的儿童绘本书《蚯蚓的日记》竟成为《纽约时报》推出的畅销读物。

王瓜，生于山野、田宅及墙垣，叶圆，蔓生，五月开黄花，花下结子如弹丸，又名"土瓜"，今药中所用。

立夏三候中，没有哪一候与"吃"相关，也似乎看不出远古的诗意何在。

然而，对于夏天，诗人们从来都不曾停止过歌咏。

绿树阴浓夏日长，楼台倒影入池塘。水晶帘动微风起，满架蔷薇一院香。

高骈并非著名诗人，但"满架蔷薇一院香"一句却令那悠长夏日氤氲着时光的幽香。

梅子留酸软齿牙，芭蕉分绿与窗纱。日长睡起无情思，闲看儿

童捉柳花。

人曰：歌诗合为事而作。谁说"事"就是时代大事，时令、时间、时光里的美好之事不行吗？此刻，还有什么安静胜于"芭蕉分绿与窗纱"，又还有什么闲适胜于"闲看儿童捉柳花"？

至于孟浩然的"荷风送香气，竹露滴清响"，则恍如从炎热里洞开的清凉，那么幽深致远，那么孤云高洁。

立夏有大美，而发现这大美的，永远只是那颗敏感而丰富的内心。

小满正是阳气最盛之时，靡草如何反而枯萎了呢！农人们忙着管理农作物，地方官不时过问蚕事。杏子黄时，麦将熟而待收，人们有的修整镰刀齿耙等各种农具，以备收割时使用；有的竖好棘篱，以便瓜果藤蔓的攀爬。孟夏时节，苦菜最是引人注目，它何以独自茂盛呢？

唐·元稹

小满气全时，
如何靡草衰。
田家私黍稷，
方伯问蚕丝。
杏麦修镰钐，
锹爪竖棘篱。
向来看苦菜，
独秀也何为？

小满

候 初

苦菜秀

↓

候 二

靡草死

↓

候 三

小暑至

小

決水復瀦溝

農候實用莊

桔槔取諸井

翻車苦溝垮

昏勞勞兮曉

胥那桑隂柱

在於免報宏餅

嗟何郎中湖

元·程棨《摹楼璹耕作图》（局部）

滿

立春····雨水····惊蛰····春分····清明····谷雨····立夏····**小满**····芒种····夏至····小暑····大暑····立秋····处暑····白露····秋分····寒露····霜降····立冬····小雪····大雪····冬至····小寒····大寒

| | | | | | | | | | | | |　　　　　　　　071　　　　　　　　　　　　　　小
满

小
满

没有一寸时间华而不实　　一切都刚刚好

　　微风吹过来，一望无际的青色麦田摇曳出轻微的声响。

　　你站在北国的辽阔里，站成一株风中的麦穗。苍茫而浩荡的岁月，如此清晰地看见生长。

　　此刻，时间就像那一粒将满而未满的麦子，捏得出一滴滴米白的琼浆。

　　这一天，叫小满。

　　《月令七十二候集解》云："四月中，小满者，物至于此小得盈满。"

　　"小得盈满"者，是吮吸了天地精华的年轻麦子，也是所有谛听到汁液消息的绿色期待。

　　春光谢过，初夏来临。时令的更替，亦如绿肥红瘦。谁说"人间四月天"只属于诗人和爱情？这时候，每一个中国村庄都在种下"小满"的期待。

···立春···雨水···惊蛰···春分···清明···谷雨···立夏··**小满**··芒种···夏至···小暑···大暑···立秋···处暑···白露···秋分···寒露···霜降···立冬···小雪···大雪···冬至···小寒···大寒···

天地
有节　　　　　　　　　072　　　　　　||||||||||||

　　绿遍山原白满川，子规声里雨如烟。乡村四月闲人少，才了蚕桑又插田。

　　想想，你为什么偏偏喜欢绿、白相配的清新？那原是春夏之交的天地啊。你为什么偏偏喜欢"桑田"这个词语？那原是稳稳的静好啊。——蚕桑，带来华服轻衣；田园，生长五谷百食。

　　小满的时间，光与色都那样明媚鲜妍。

　　梅子金黄杏花肥，麦花雪白菜花稀。日长篱落无人过，唯有蜻蜓蛱蝶飞。

　　看吧，梅子、杏子都是黄澄澄的，麦花、菜花都是白茫茫的，而蜻蜓、蝴蝶呢，又是红的，是黑的，是花的。

　　没有一寸小满的时间华而不实，整个日子都是一片疯长的青绿。而当这种苍翠与勃发，出现在故址或废墟之上，草木的姿势里便蓄积着一股历史的张力。

　　彼黍离离，彼稷之苗。行迈靡靡，中心摇摇。知我者，谓我心忧，不知我者，谓我何求……

　　《诗经》里那一声古老的叹息，舒吐出一个时代礼崩乐坏的痛楚。

过春风十里，尽荠麦青青。自胡马窥江去后，废池乔木，犹厌言兵……

姜夔《扬州慢》里的这一声沧桑感喟，映现着野蛮践踏文明后流血的伤口。

从此，那些长在经典里的黍麦，几千年都未曾老去。它们身上，飘散着无数"小满"的气息。

小满动三车，忙得不知他。

三车者，水车、油车、缫车也。小满之日，民间有"祭车神"的习俗。

你看，北方小麦郁郁，南方水稻油油。充沛的初夏阳光下，作物对于水的渴求，如同甘霖。这时候，水车就出现在渠边、河畔与地头了。

20世纪70年代，在家门前的水塘边，我和邻家小伙伴爬上了夏风吹拂的水车。那水车，一头没入水中，一头连着田地。其原理，以脚踏着辘轳与木轴的旋转，带动那单车"链条"式的桑木叶片。水车的辘轳上，有几组供踩踏的"木头蹬拐"；前方则是一根供踏车者扶手的横木。一台水车，可以由几个人依节奏踏转。那车，其实是"翻车",不同于靠流水之力旋转的水车,能满足低水高灌。早在东汉便有了水车,元明时期得到进一步发展。这是基于农耕经验的技术发明。可这吱吱呀呀的木器再好,也无法走得更远,终归不敌19世纪末出现于德国的柴油机。

与水车一起出现于小满时节的,是油车。那车里所装的,多是菜油吧?想遥远的乡间,河边的榨油坊里飘着菜油的清香,原野的金黄烂漫就这样化作了乡炊里的人间烟火。

缫车,关乎江南的蚕桑。公元1078年,年过不惑的苏东坡,出任徐州太守。那是一个久旱未雨的初夏,苏太守先是携民众至二十多里的城外求雨,雨下之后,又去鸣谢天意。

归来的路上,他写下:"簌簌衣巾落枣花,村南村北响缫车。牛衣古柳卖黄瓜。酒困路长惟欲睡,日高人渴漫思茶。敲门试问野人家。"

在苏子笔下,路人思茶,亦如庄稼思饮。当年,自郊外谢雨归来的苏先生,是不是也想起了先民们提醒的小满三候?

一曰"苦菜秀",二曰"靡草死",三曰"小暑至"。

春天亦唤作"芳春",因为有花的芬芳;夏天呢,则称为"苦夏",是不是与植物里的苦味有关?小时候,母亲总说,苦瓜是最好的菜,它可以清火。我没有吃过苦菜,对野苦荬却记忆尤深。母亲常将这种植物的叶或根捣碎,拌以白糖,为我们清热降火。

靡草,枝叶靡细之草。"凡物感阳而生者则强而立,感阴而生者则柔而靡,谓之靡草,则至阴之所生也,故不胜至阳而死。"

"小暑至"，非小暑时令，盖空气里轻微的暑气吧？又是一个"小"字，正道出了"小满"的好。

当"小"与"满"走到一起，一切才是最美的生长状态。它是满，却不是大满，更不是爆满。

小满像一株深刻的植物，是人间的粮食，亦是人世的哲学。

公元 1645 年，那个叫史可法的中年男子，于扬州城拼死抵抗之后，终被屠城的清军杀害。那一天，正是小满。在初夏的炎热中，史公的遗体腐不可辨。其义子史德威只得拾其衣冠葬于城外桃花岭。

史公的人生，忠贞于大明王朝，堪为悲壮的圆满。然而，若放入人类文明的历史长河之中，谁又能说这种"圆满"就是圆满呢？

现实中，对于圆满的追求，或许没有哪种文化更胜于华夏。

在中国传统文化里，圆满从来都是那消解悲剧、抵御残缺的温情的"夕阳"。

没有鹊桥相会，我们放不下隔天河相望的牛郎与织女；没有化蝶双飞，我们唱不开梁山伯与祝英台；没有报仇雪恨，我们受不了窦娥之冤；甚至没有起死回生，我们也圆不了杜丽娘与柳梦梅的奇缘美梦……

哪怕是在《本事诗》中，写下了"人面桃花相映红"的白面书生崔护，若没有与邂逅于桃花树下的女子结为夫妻，似乎故事就有了一种残缺。

我们太喜欢"美满"，太喜欢"王子与公主从此幸福地生活在一起"。

　　王国维先生曾将这种大团圆情结归于民族的"乐天精神"。他在《〈红楼梦〉评论》中说："吾国人之精神，世间的也，乐天的也。故代表其精神的戏曲小说，无往而不着此乐天之色彩，始于悲者终于欢，始于离者终于合，始于困者终于亨。"

　　圆满的集体审美，或许与天地浑圆、阴阳互转、五行相克相生的宇宙观、生命观互为表里；抑或与地理封闭、伦理贵和、心理乐天的小农生产方式相适切。

　　小满之可爱，不在于登峰造极的完美，而是携带希望的过程。它"满"，却不是"满到极致"，更不是"满到泛滥"；它是走向饱满的绿色成长，却不是展示成熟的金色饱满。

　　在这里，"小"无关格局，只关乎心态。它意味着欣然纳悦、兼收并蓄与成长可能。

　　因为"小"，所谓的"满"才不至于夜郎自大、固步自封或固执己见。

　　小满，让我们在寻找文化自信的同时，而又不失去科学理性。

　　就像此刻，我们固然可以为天人合一的中国智慧而欣喜豪迈，却不能不看到中国古代关于天文、星象、阴阳、八卦及一切天人关系的人文比类，相对于西方的形式逻辑、数理思维、实证精神而言，便是一种重大的缺失。这样的缺失，甚至直接关乎著名的"李约瑟之问"：为什么中国古代科技的发展为人类做出了重要贡献，而科学与工业革命并未发生在这片土地上？

　　再如延续千年的科举制度，作为文官选拔制度，固然有其领先世界的意义，而它带来的思想桎梏亦被历史见证：一个民族的青年都以"四书五经"的圣贤之言为崇，所谓读书几乎沦为做官的途径和手段，人文与古典成为课程的中心。那种与生俱来的自由精神，对于未知的好奇与探索精神，或证实或证伪的科学精神，从此渐渐委顿。一个民族的青春力量就在俯首低眉之间失去了丰沛的元气。

这一切，是不是缘于唯我独尊的"大满"淹没了悦纳天下的"小满"？

生存智慧上的"小满"，没有青涩的稚拙，亦无成熟的世故；没有小富即安的苟且与保守，亦无固守一隅的狂放与偏执。

然而，人世间，太多得陇望蜀的世俗追逐，总将"满"作为人生的鹄的。

人们似乎忘了：于山巅的空间而言，没有哪一条路不是下山；于明月的时间而言，没有哪一刻能够定格。

回到小满，一切都是刚刚好。

今日正是芒种螳螂应节而生。红彤彤的云彩高挂天空，云下有影儿，忽高忽低，原来是伯劳鸟正飞来飞去，传来飞动鸣叫的声音。清澈如镜的池塘里，荷花已经绽放，炎热的夏风中，暑雨忽降，清凉顿生，荷香扑面。人们道中相逢，谈论的都是这一季蚕丝和麦子的收成，这相互牵挂、彼此相念，实在是一件充满人情味的事儿。

唐·元稹

芒种看今日，
螳螂应节生。
彤云高下影，
鷃鸟往来声。
渌沼莲花放，
炎风暑雨情。
相逢问蚕麦，
幸得称人情。

09

芒种

初候

螳螂生

↓

二候

鷃始鸣

↓

三候

反舌无声

芒

插秧

桑兩�る...（题诗）

清·焦秉贞《耕织图·插秧》

种

芒
种

世间万物　都以种子与大地的方式联系在一起

听到这个古老的节气名，一颗飘浮的心便落入了大地。

从来不曾如此清晰地看得见时间的样子。今天，它是那一粒北方的麦子，金黄而饱满；又是这一枚南方的稻种，沉着而苏醒。

世间万物，仿佛都以种子与大地的方式连在一起。

这一天，叫芒种。

芒种，夏天的第三个节气，带着仲夏来临的消息。《月令七十二候集解》如此诠释："五月节，谓有芒之种谷可稼种矣。"

此时的北方，有芒的大麦、小麦成熟了。而南方，有芒的稻子亦播种。如是，芒种之"种"，既为名词"种子"，亦为动词"播种"。

芒者，生于麦子或谷物上的刺状物，"针尖对麦芒""如芒在背"皆言其尖锐。不过，芒种的意义，并不在"芒"，而在于"种"。

泥土般朴实的"种"字里，保持着农耕文明生生不息的姿势和力量，亦蕴涵着生命成长的因缘与起点。

　　一生倾情于大自然的美国 19 世纪思想家梭罗，曾长年幽居于瓦尔登湖畔，后又以极大的热情去追寻各种植物种子的传播之旅，写成了一部传世名篇，叫《种子的信仰》。他说："我相信种子里有强烈的信仰，相信你也同样是一颗种子，我正期待你奇迹的发生。"

　　当种子的内涵从植物发展到万物，它便成了宇宙的时间和生命，而"相信岁月，相信种子"也便成了诗和哲学。而今，无数国人借用梭罗的金句在言说教育的理想，我们是不是也曾记起千百年前诞生于华夏河源的那一个叫"芒种"的日子？

　　生命的本质还是时间。一去不返的时间，就像天地间不可抗拒的律法。于是，植物错过时令，亦如人生错过时机。即令那过程同样艰辛，其结局却是异若霄壤。

　　不是吗？芒种与夏至，前后相距不过半月。然而，对于同样一颗种子来说，不同的时间意味着不同的果实。此之谓"芒种不种，再种无用"。就中稻种植而言，"芒种插得是个宝，夏至插得是根草"；就红薯而言，"芒种栽薯重十斤，夏至栽薯光长根"。"芒种前，忙种田；芒种后，忙种豆。"

　　如此轻声的一个节令，却足以打破整个乡野的宁静。那些飘在云端的"时间"，忽而就化作了握在手里的"时机"。

　　昼出耘田夜绩麻，村庄儿女各当家。童孙未解供耕织，也傍桑阴学种瓜。

这世间，还有哪一个童年的文本比土地更丰腴？

在乡下，抢种抢收的"双抢"季节早就烙入了儿时的记忆。那些炽热如火的夏日午后，我们戴一顶草帽，躬身田间。左手均匀地分秧，右手快速地点插。随着一行行绿色秧苗的移动，那双踩在烂泥里的脚，也一步步后挪。

多年之后，当那份腰酸背痛的辛劳随童年远去的时候，我才从唐朝布袋和尚的诗里读到此间的人生哲学："手把青秧插满田，低头便见水中天。心地清净方为道，退步原来是向前。"

芒种是种红薯的时节。红薯，也是一辈子无法忘却的滋味。

多少次，在老屋前的菜地，抑或是在棠坡的山头，父亲将土地整成一垄一垄的。当他坐在泥地上小憩时，我便一蹦一跳上前去，将那剪得短短的红薯苗一根一根摆到那一线黑色的猪粪上，等着父亲来盖上泥土。那时候，红薯也是家里的粮食。记忆中，很难吃到一餐纯粹的白米饭。每当早上揭开锅盖的时候，白白的饭堆下总埋着一大半红薯。这时候，父亲喜欢先将米饭打到那个竹饭篮里，再用力铲起那些喷香的锅巴，倒入浓稠的米汤。不一会，就搋出一锅红薯粥。

父亲不在了。那些明亮的早晨，也一去不返。

芒种的节气充满了稼穑的汗水，充满种子入土的踏实感，然而，这些远不是这个节气的全部。

在古人眼里，芒种，既是一个与"种子"同行的节令，亦是一场与"花朵"告别的仪典。

《红楼梦》第二十七回的回目是"滴翠亭杨妃戏彩蝶　埋香冢飞燕泣残红"。在那里，曹雪芹为我们存留了一个大观园里的芒种节。

他写道："那些女孩子们，或用花瓣柳枝编成轿马的。或用绫锦纱罗叠成干旄旌幢的，都用彩线系了。每一棵树上，每一枝花上，都系了这些物事。满园里绣带飘飘，花枝招展，更兼这些人打扮得桃羞杏让，燕妒莺惭，一时也道不尽。"

按古时风俗，"凡交芒种的这日，都要设摆各色礼物，祭饯花神。言芒种一过，便是夏日了，众花皆卸，花神退位，须要饯行"。

少女，春天，花神。哪一个意象不自带美的光芒？

一切美好，都像是神意。天地间吐露清香的花朵，每一株都是一个庄严的神祇。在那场盛大的花神饯别中，你看得见"宝钗扑蝶"式的青春欢愉，亦看得见"黛玉葬花"式的孤寂感伤。

花谢花飞飞满天，红消香断有谁怜？游丝软系飘春榭，落絮轻沾扑绣帘……

柳丝榆荚自芳菲，不管桃飘与李飞。桃李明年能再发，明年闺中知有谁？

林黛玉那小小的花冢里，埋葬着落英的芳魂，又何尝不是埋葬着青春的至纯与至性？她的葬花词，是献给花神的，又何尝不是献给自己的？那是时光的凭吊，又何尝不是爱与美的凭吊？

世俗是如此繁华。有人从繁华里听见盛大与热闹，有人却从那里听见了美的凋零和叹息。

与芒种的田间劳作相比，或许，这是对生命的审美发现吧？

芒种之"种"，芒种之"花"，都是那看得见的物事。其实，这时的天地之间，还充盈着那看不见的气场。

春天阳气正旺，至芒种，阴气开始上升。在先人眼里，对这种阴阳消长感知最灵敏的，多为昆虫与鸟类，它们成为芒种三候的代言者。一候"螳螂生"，二候"䴗始鸣"，三候"反舌无声"。

螳螂产卵于去秋，感阴气而生。而喜阴的伯劳鸟，也开始了鸣叫。你注意到，初夏时节，春燕西去，而伯劳东飞。成语"劳燕分飞"中的分离之意，由此而来。

一只鸟，何以命名为伯劳呢？据说西周时贤臣尹吉甫一时怒起，错杀了儿子伯奇。此后，父亲追悔莫及，忧思无尽。有一天，他见到窗前一只鸟，以为那是儿子伯奇所化。于是，他自言自语道："伯奇劳乎？是吾子，栖吾舆。非吾子，飞勿居。"后世遂将此鸟称作"伯劳"。

至于反舌，即百灵鸟。这个春天的歌者，至芒种时令便默然告退。

芒种，再度令我生出对鸟儿的敬意。

当你在房间里轻轻歌唱着自己内心的时候，是不是也曾意识到：枝上鸟儿的歌声，并不只是在表达自己，它的声音里藏着天地运行、阴阳互转的神秘消息。

听蝉鸣处处，便知已进入阴历五月夏至了。巨龙潜入碧绿的潭水深处避暑，太阳在火神的相助下热能膨胀，日更长，天更热。雨来之时闪电频频，云行之际彩虹高挂。这犹如乐律中蕤宾律的夏至过后，阳气将日衰而阴气日升，阴阳二气开始交替而各奔西东。

10

夏至

初候

鹿角解

↓

二候

蝉始鸣

↓

三候

半夏生

唐·元稹

处处闻蝉响，
须知五月中。
龙潜渌水坑，
火助太阳宫。
过雨频飞电，
行云屡带虹。
蕤宾移去后，
二气各西东。

夏

清·徐扬《端阳故事图·裹角黍》

夏
至

阳光的行脚，亦如时间　时间的行脚，亦如花草

　　夏至的阳光，恍如古老的哲学语言。

　　此刻，它直直地射在北回归线上，与去年冬至照耀过的那条南回归线遥遥相望。

　　阳光南来北往，大地寒暑易节，生命阴阳消长。

　　南北，冬夏，阴阳……你说，这是词语构成上的相反相成，还是生命力量的相克相生？

　　阳光的行脚，亦如时间；时间的行脚，亦如花草；花草的行脚，亦如人生。

　　生命不曾止息，岁月无法驻留。一切源自亘古，一切又新发如硎。

　　阳光说，这是它一年所抵达的北方之北。北之至，即南归。阳之极，一阴生。所有这一切，与去年的冬至恰好相反。那时，阳光抵达南方之南。南之至，即北返。阴之极，一阳生。一次抵达，就

是另一重出发。

夏至，如一个时间的峰峦，或如一条辽远的地平线。来来往往，生生不息，都在那穹顶之下化作了时光的回旋。

《恪遵宪度抄本》曰："日北至，日长之至，日影短至，故曰夏至。至者，极也。"

夏至，一年中白昼最长之日。此所谓"夏至至长，冬至至短"。过了这个节令，白昼日渐变短。抵冬至，则短到极致。然后，又日渐加长。这阳光的往返，亦如季节、生命与时间的轮回。花开花谢，春去春来。

你说，终极是人生的追问，极致是生命的态度。太阳并没说过这样的格言。它所走过的时间之旅，从来都是终极连接起点，极致开启新篇。

"昼晷已云极，宵漏自此长。"中唐诗人韦应物的诗句，已然透露出"夏至至长"的朴素认知，那属于公元 8 世纪的中国。其实，早在公元前 7 世纪，古人便以土圭测日影的方法精确地测量到夏至这一节气。在二十四节气中，夏至是最早被确定的。

我想，在晃眼的正午阳光下，必然曾有某个身影像蝴蝶一样飞过绿色的田畴，那是一个刚刚发现"立竿不见影"的先民。他内心怀着那么大的惊喜，怎么停得下那奔走相告的脚步？

由是，夏至，从来就被赋予神意。

早在周代，夏至就意味着一场祭神大典。《周礼·春官》载："以夏日至，致地示物魅。"司马迁的《史记·封禅书》则曰："夏日至，祭地祇，皆用乐舞。"夏至祭神，其旨在于消除荒年、饥饿与死亡。唐宋之时，夏至和冬至，都是百官公休的假日。这一天，妇女们互相赠送折扇、脂粉等什物。《酉阳杂俎》说："夏至日，进扇及粉脂囊，皆有辞。""扇"者，借以生风；"粉脂"者，以之涂抹，散体热所生浊气，防生痱子。

旧时朝廷，每当夏至之后，皇家则拿出"冬藏夏用"的冰"消夏避伏"。从周代始，历朝皆沿用，竟至成为一种制度。

在我心里，夏的神祇更像是那炽热而明亮的阳光。这是一年之中正午太阳高度最高之时。夏至正午的阳光，莫名就令我自然想起端午或端阳。夏至和端阳，这两个毗邻的日子，都一样发散着光与热。

端午节，为每年农历五月初五。五月的第一个午日，正是登高顺阳之日，故端午又称"端阳"。端阳，源于古百越之地的龙图腾祭祀，划龙舟与食粽乃中国民间风俗。后世因屈原于是日纵身投汨罗江，亦以此纪念那一缕高洁而孤独的诗魂。

今人以粽子为端午独有，其实，此物曾属夏至。

粽子，旧称"角黍"。角为形，黍为质。粽之所以为角形，乃源于先民以牛或牛角祭祀的流风遗俗。南朝《荆楚岁时记》云："夏至节日，食粽。按周处《风土记》谓为角黍。人并以新竹为筒粽。楝叶插五彩系臂，谓为长命缕。"唐宋时，粽子始以糯米制，其意亦带康健的祈福。按《吴郡志》记载："夏至复作角黍以祭，以束粽之草，系手足而祝之，名'健粽'，云令人健壮。"

夏至是一种光，是一道色，更是一种味。在我的记忆里，夏至是酸酸的杨梅汤的味，也是青皮苹果李的味；是一杯清酒的味，也是一畦蔬菜的味。这时候，仲夏的黄瓜、辣椒刚好长到能吃的时候。长沙乡间，新菜上桌，称作"开园菜"。

端午的餐桌，自有一种夏至的味道。紫苏黄瓜，酸菜辣椒，蒜籽蕹菜，红苋菜，特别是那一分为二的盐鸭蛋，色彩鲜艳，对比很鲜明。有一回，我读到儿童文学作家李少白先生的童谣："鸡蛋白，鸡蛋黄，白云抱个小太阳。"立马就想起端午节剖开的那枚盐蛋，想起那枚由一圈蛋白环绕的深红蛋黄，流着油的蛋黄。

俗话说，冬至馄饨夏至面。夏至吃面，系古老而普遍的民俗。民谚说："吃了夏至面，一天短一线。"清代《帝京岁时纪胜》载："是日，家家俱食冷淘面，即俗说过水面是也，乃都门之美品。"

夏至所吃的面，南北各地有差异。阳春面、干汤面、肉丝面、三鲜面、过桥面及麻油凉拌面不一而足。何以"夏至"如此钟情于面食？一方面，以"一天短一线"，寄白昼渐短之意；另一方面，这与暑热到来后人们的饮食调整也有关系。

夏至之后，有所谓"三伏天"的到来。何谓三伏？伏者，潜伏也。夏至之后的第三个庚日为初伏，第四个庚日为中伏，立秋之后的第一个庚日为末伏。其中，初伏十天，末伏十天，中伏则或为十天，或为二十天。三伏天，人们很容易食欲不振。当此时，热量低、易制作又清凉的面条往往成为家庭的首选，特别是对北方而言。由是，夏至面亦称"入伏面"。再有一层，夏至正是麦子新收、面粉上立春···雨水···惊蛰···春分···清明···谷雨···立夏···小满···芒种···**夏至**···小暑···大暑···立秋···处暑···白露···秋分···寒露···霜降···立冬···小雪···大雪···冬至···小寒···大寒

093

夏
至

市之时，此时吃面亦指尝新。

夏至吃面，亦宴饮。有一个成语，叫杯弓蛇影。这个始于汉代的寓言故事，其具体的故事时间，正是一年中的夏至。

夏至一过，一天热似一天。如同冬至一过，一天冷似一天。冬至之后，会有"数九寒天"，会有"庭前垂柳珍重待春风"的"画九风雅"。那么，夏至之后呢？也有"夏九九"之说。稍稍遗憾的是，"夏九九"的流传远不及"冬九九"那么广泛。

刻于湖北省老河口市禹王庙的《夏至九九歌》堪为"夏九九"的代表。道是："夏至入头九，羽扇握在手。二九一十八，脱冠着罗纱。三九二十七，出门汗欲滴。四九三十六，卷席露天宿。五九四十五，炎秋似老虎。六九五十四，乘凉进庙祠。七九六十三，床头摸被单。八九七十二，子夜寻棉被。九九八十一，开柜拿棉衣。"

忽而觉得这些韵语所凝所聚者竟如此深厚。它们，既是由盛夏而初冬的气候轨迹，又是由驱热到御寒的人间图景；既是诗意的数学，又是数学的诗意；既是缘于民间的节气歌诀，又是俯仰天地的生存智慧。

夏至，并非夏季气温的极致。夏至之后，雷雨更有了夏天的性格。

有时候，它来去匆匆。如苏轼那年六月于望湖楼醉酒所书："黑云翻墨未遮山，白雨跳珠乱入船。卷地风来忽吹散，望湖楼下水如天。"

有时候，它情深意长。如刘禹锡所叹："杨柳青青江水平，闻郎江上踏歌声。东边日出西边雨，道是无晴却有晴。"

更可贵的，还不在这里。夏的性格里，有一种雄浑铿锵之豪迈。风云变幻，雷霆电闪，很多时候，天空如兵戈列阵，可谓"青天霹雳金锣响，冷雨如钱扑面来"。这时候，你压根都想不到那个写下"梧桐更兼细雨，到黄昏，点点滴滴"的李清照，她的心头也汹涌着另一种诗风。

她对金人南下而宋室苟安时局的忧虑，一直挥之不去。这年夏天，她以身为建康知府的丈夫赵明诚临阵脱逃而备感耻辱。于是，这位绝代才女以一支幽怨的纤笔饱蘸炫目的夏日之光，铿然写下那当当作响的诗行："生当作人杰，死亦为鬼雄。至今思项羽，不肯过江东。"

这里，充盈于诗句之间的，不再是绿肥红瘦的海棠之叹，而是一种生命气节，与夏天一样勇敢、绚烂与决绝的生命气节。

夏至看起来如此阳光，刚正，酷热。然而，古人所描述的夏至三候，全都指向"夏至一阴生"的些微细节。

一曰"鹿角解"，二曰"蝉始鸣"，三曰"半夏生"。

在先民眼里，麋鹿之角看得见阴阳之变。鹿喜阳，角朝前，夏至一阴生，故鹿角脱离。与之相反，麋喜阴，角朝后，冬至一阳生，故麋角解。在中国文化里，鹿与其说是丛林法则中温驯而美丽的动物，莫如说是一种丰富而多元的精神寄寓。

《仪礼》中说："主人酬宾，束帛俪皮。"此处，俪皮即鹿皮。在古人那里，鹿是爱情的象征，鹿皮系远古婚姻中的重要贽礼。甚至，此皮亦用于国家及诸侯之间的相互赠送。

"呦呦鹿鸣，食野之苹。我有嘉宾，鼓瑟吹笙。"这是《诗经·鹿鸣》里的句子。原野上，倘一只鹿发现了青草，往往会向同伴发出友善而欢快的鸣叫，分享之心极其诚恳。由是，古人以"鹿鸣"为德音，并将麒麟、凤凰、龟、龙，一起视为"四大灵物"。

鹿甚至还是一个宗教意象。"九色鹿"的故事，缘于佛经。而白鹿的形象，亦有那超凡脱俗的道教精神。正如李白所言："别君去兮何时还，且放白鹿青崖间。须行即骑访名山。"

鹿是爱情，是美德，是信仰。同时，它还代表权力。作为权力，成语"逐鹿中原""鹿死谁手"即是明证。

夏天是蝉鸣的季节，蝉鸣的第一声则在夏至。这个夏天的歌者，也是感阴气而鸣。

"垂緌饮清露，流响出疏桐。居高声自远，非是藉秋风。"初唐虞世南，以书法闻于世。他所咏叹的《蝉》，尤其是"居高声自远"那一句，可谓耳熟能详。但我总觉得，此诗之"理趣"大于"情趣"。以"情趣"论，同样是写蝉，清代才子袁枚笔下的似乎更可爱。"牧童骑黄牛，歌声振林樾。意欲捕鸣蝉，忽然闭口立。"

不过，相形之下，法国科学家法布尔写《蝉》，则完全改变了感知世界的方式。他不以诗性而以理性的姿态走进昆虫的世界，以科学探索的态度，追问了蝉以及诸多昆虫的前世今生。

其实，就人类把握世界的方式而言，诗意与科学正如蝉翼双飞，不可失衡。

"半夏生"，乃夏至第三候。半夏，喜阴的夏天植物，像车前草、蒲公英一样常见。大凡有过乡居生活的人，对于那些可以药用的植物或多或少会怀有一种温情。很多中医草药，就像半夏一样，都拥有一个很诗意的命名。

想起很久很久之前的夏夜。我躺在池塘边的竹铺上乘凉，天空星光闪闪，草间萤火点点。父亲端一杯茶，坐晚风里。他让我对一副对联，上联全是中药名称，道是："生地人参附子当归熟地。"如此多的药名组合，看似毫无联系。然而，若读其谐音，它所道出的却是一对父子流落他乡的故事，即：生地，人生，父子，当归，熟地。我对不出，却从此喜欢对联这一种古典文学形式。过了一会儿，父亲告诉我下联："枣仁南枣核桃芡实茴香。"找人，难找，黑逃，欠食，回乡。黑逃者，连夜摸黑逃跑；欠食者，饭也顾不上吃；回乡，即回到故乡。多么巧妙的药名组合，其谐音与上联的故事正好切合父子从异地回乡的主题。

而今，父亲不在了，那一夜的星空也淡成了远远的童年。

一年一度的夏至，每一种草木都似曾相识。而今，我们是不是也留下了一份回忆？哪怕只是到了明年或后年，你还能深深想起？

唐·李昭道《龙舟竞渡图》

忽然之间,温热的风就到了,原是随小暑节气而来呀。竹子在风中摇动作响,它们预先感知大雨将至,倚窗而望,只见雨后的山色与天空,漫着深青色的雾霭,而庭院里,台阶前,长满了绿色的青苔。鹰鹑开始练习擒纵搏击,蟋蟀莫要以鸣叫声催促它们啊!

唐·元稹

倏忽温风至，
因循小暑来。
竹喧先觉雨，
山暗已闻雷。
户牖深青霭，
阶庭长绿苔。
鹰鹯新习学，
蟋蟀莫相催。

11

小暑

候 初

温风至

↓

候 二

蟋蟀居宇

↓

候 三

鹰始鸷

小

明·仇英《消夏图》（局部）

暑

小
暑

众生各美其美　打开时间之门

二十四节气里，小暑是今天。凌晨五点多，在人间的酣睡中，上天悄然旋过了季候轮回的指针。

多年来，我从未在意过小暑的降临。它混在熙熙攘攘的日子里，变成了上午开会的惯例、晚上打球的约定，人们又何曾谛听过"小暑"这一声轻柔的提醒？

提醒，像一个先入为主的意念，让所有熟知的物事都带着它的气息，如天空、大地、树木。一切生命存在，都表达着对节气的感应。

早晨从住处出发的时候，在楼宇的拐角处拍下一枝不知名的花。四十分钟后，即将进入办公楼时，又拍了一棵不知名的树。

那是一枝清晨的花。叶子舒展着，每一片都自由、灵动，像是聆听清风的耳，亦像吐纳阳光的唇。花是红的，可是，在这里，"红花"简直成了俗滥的语词，它怎能道出这一种明媚里的生动，那一份纯粹里的清新？那是人类的调色板无法调配出的色彩，那种"红"，有自己的呼吸、心跳与眼睛，那是属于这一枝、这一叶的生命与灵魂。它已开在枝头多时了吧？今天，终于等来这掠过水面的温润夏风。

这是八点半的门前树。满树花开，花朵极小，一串一串，像麦穗的样子，却远比它柔和。花穗的色，似鹅黄，又像翡翠的浅绿。如此朴素，如此平和，如此谦逊，不及桃李娇艳，也不比桂花馥郁。这若有若无的芬芳，甚至都不曾招来蜂蝶。

一树繁花，在沉静的世界里兀自蓊蓊郁郁。它们开在窗前，像是一场青春的盛典。似乎并不在意有没有人为它们喝彩，它们为天地而开，为自己而开，在夏日的光影里寂然欢喜。

我不知道，就在今天黎明降临的时刻，这一树花，是否听到了时光里的那一声脆响，是否感应到来自大地的震颤，或是来自阳光的惊起？

小区里，无名的花；办公楼前，无名的树。它们都长在我日日必经的路旁。我把日常的时间，走成了一条固定的路，沿途的风景渐渐老去。来处，连着一日归途。我的目光，又何曾在这些草木身上有过些许停留？

忽而觉得，时间其实并不是一条路，也不是一条河，而是一颗足够敏感、足够博大的心，一颗包容整个天地的内心。

众生都在以各美其美的方式打开生命的曼妙之门。就像此刻，一花一树都在为我打开另一重世界。

遥想古代的黄河两岸，阡陌上夏花灿烂，微风里麦浪沙沙，这是棉花挂铃的季节。那些于柳荫下席地而坐的耕作者，是你的祖宗，也是我的祖宗。他们，是我们的先民。那个日子，是历史，也是今天，是农历小暑。

其时，天上烈日高悬，水中骄阳倒映，人间大地就这样被烈日裹挟。想象中，一个文秀的先民，忽而从头上折下一根粗粗的柳枝，在泥土上分别画了两个太阳，上下各一，中间画上一个像"土"的形状。这不就是"暑"吗？暑就是热啊。"小暑大暑，上蒸下煮。"先人的惊叹里，映着整个夏天的明媚，化入祖祖辈辈的记忆。

从此，节令每轮回到这一天，都会传递着相同的消息。不过，这一回，报信的使者不再是梅花杜鹃，荷花蜻蜓，而是蟋蟀雄鹰。

过几天，不堪热浪的蟋蟀就将转入屋宇的阴凉墙角，一声一声鸣响，如月下的"促织娘"。而再过几天，檐前苍老的浮云之下，会出现某一只雄鹰的英姿。它从山头盘旋而上，迎着天空那一点点肃杀，勇敢地搏击。

不知经历了多少春秋代序啊，先人们将小暑三候归纳为：

"温风至"，"蟋蟀居宇"，"鹰始鸷"。

几千年来，这些农耕岁月里的生命意象，依然散发着自然与家园的气息，它们是大自然的语言。在几千年农耕文明的垄亩之上，原初的智慧无不来自这样的"语言"。

云朵，是天空的语言。它们与风一起，与星月一起，向人们报告着小暑以降的天气：可能干旱，也可能多涝。太阳与洪水，都可能是一只狰狞的食人兽。

"傍晚火烧云，明日晒死人。"

"夜起东南风，下雨就不轻。"

"天上钩钩云，地上雨淋淋。"

庄稼菜蔬，是大地的语言。

"头伏萝卜二伏菜，三伏有雨种荞麦。"

诗歌艺术，是内心的语言。农耕岁月是古琴上的慢时光，小暑是一曲浑厚的《埋伏》。

"荷风送香气，竹露滴清响。欲取鸣琴弹，恨无知音赏。"

外界热浪奔腾，内心安静隐伏。光阴如此清淡，亦如夏日的心情和饮食。

花树敞开时间的门扉，而历史丰富着时间的景深。

然而，千百年之后的我们，这些远离了农耕与田园的现代人，对时间的体验已越来越粗糙，如同日历上的数字一样，我们闻不到时间的气息，看不见时间的表情。

今天，春夏秋冬沦为岁月的伤逝，仰观俯察成了遗失的古风。人们越来越不愿关心大地上的事情。我们忽略飞禽走兽的行迹，屏蔽花鸟草虫的消息，失聪于自然的箫声，从此陷入了深深的语言孤独里。

在人类的傲慢里，植物、动物仅仅成为"万物之物"，而不再是"众生之生"；历史也仅仅成为一种知识，而不复是绵延的精神与生命。

忽而想起《易经》里的句子：

夫大人者，与天地合其德，与日月合其明，与四时合其序，与鬼神合其吉凶。

天时，不就是人时？天道，不就是人心？

生命，是时间的存在；时间，又何尝不是生长的节律？

哲学家海德格尔有一本享誉世界的经典，叫《存在与时间》。学者余世存先生说，节气是中国人千百年来实证的"存在与时间"。

相对于节气，人们或许更记得节日。一年中，总有那么多节日会成为时光里程。节日，像是时间的节拍。从节日，看得见人类的文化；而从节气，才看得见自然的造化。

节日，或许能带来狂欢。节气呢，才能让我们从飞鸟草虫那里听见生命的天籁。

因为节气，我们的身体与内心，拥抱着一个审美的生命世界，一个在时间里共生共长的世界。

大暑已至，秋天也就将要来临了，六月林钟律音起，盛夏很快就会过去。子夜时分，一轮明月朗照，萤火虫高低低翻飞，如星星点灯，照亮了夜空。已经备好消暑的夏季瓜果以邀请饱学诗书的客人，菰蒲也长满了洗墨砚的水池。把红纱帐都卷上吧，不讲学不看书了，且待夏风吹动书案上的经史典籍。

唐·元稹

大暑三秋近，
林钟九夏移。
桂轮开子夜，
萤火照空时。
瓜果邀儒客，
菰蒲长墨池。
绛纱浑卷上，
经史待风吹。

1
2

大暑

初候

腐草为萤

↓

二候

土润溽暑

↓

三候

大雨时行

元·刘贯道《梦蝶图》

大
暑

盛夏的光热孕育出生命的清香与明艳

今天，地球在黄经 120 度的位置上与太阳遥遥相望，一年中最炎热的日子降临人间。

这是二十四节气中的大暑。

"大暑"，相对于"小暑"而言。

"小大者，就极热之中，分为大小，初后为小，望后为大也。"

在刚刚过去的小暑三候里，不曾聆听到月下的蟋蟀长吟，亦不曾看见蓝天下的雄鹰。在垄亩之上的先人那里，蟋蟀和鹰鸷都是为物候代言的柔婉调子与锐利眼睛。什么时候，这些生动的古典视听已然销声匿迹了呢？

仰头是高楼的重压，俯身是水泥的大地，满耳是熙攘的市声，现代都市的上空升腾着一股灼热的气流，灼伤了草虫的地盘，亦掠夺了飞鸟的天空。那一份喧嚣，如同一头钢铁怪兽，正疯狂地吞噬着时间的证言。

立春···雨水···惊蛰···春分···清明···谷雨···立夏···小满···芒种···夏至···小暑···**大暑**···立秋···处暑···白露···秋分···寒露···霜降···立冬···小雪···大雪···冬至···小寒···大寒

天地
有节   110 | | | | | | | | | | | |

大暑的午后，我独立窗前，与一树香樟默默对望。风里响着盛夏的声音。蝉声的高低起落，应和着风来风往。不知名的鸟语，或清脆，或细切，一句一句，酬答于密叶之间。今天也是窗外这株香樟的大暑之期，它是否也收到了来自大自然的律令？

大概二十天前吧，我看到，香樟的树梢之上，稠密的树冠外层，还刚刚生出暗红的枝叶，一束一束，在风里微微颤动。今天再看它，那些新生的叶子，早已褪去了婴儿似的红润，油油舒展出少年般的新绿与清新。就在这些叶子换上新装的时候，那米粒般的绿色小果实也渐渐饱满。我想，楼前这一团葱郁的深绿浅绿，何尝不是香樟的时间和语言？新旧共存的叶子们，何尝不是一树天伦？

此刻，它们都立在盛夏的光阴里，静静地反射着一片片灼人的骄阳。但它们并不沉闷，总是以沙沙叶语和淡淡芬芳，回应着近旁的一句鸟语。风静的片刻，它们停止说话，静静地看着脚下某一只翩跹的黑色蝴蝶。

香樟并不是报告大暑降临的天使，最先报告大暑到来的，当是萤火虫。

"腐草为萤"，"土润溽暑"，"大雨时行"。

此乃古人所描述的大暑三候。大暑之后，萤火虫将出现于星月之下，飞舞在稻香袭人的田间水滨。然而，这么多年混迹于城市的车水马龙中，我们又何曾见过夏夜里美丽的流萤？见过日光如瀑，见过灯光如流，见过烛光如豆。可是，世间会有哪一种光，还能像萤火那样在遥远的童年闪烁呢？

立春···雨水···惊蛰···春分···清明···谷雨···立夏···小满···芒种···夏至···小暑···**大暑**···立秋···处暑···白露···秋分···寒露···霜降···立冬···小雪···大雪···冬至···小寒···大寒···

| | | | | | | | | | | | 111   大暑

那是山村的夏夜。早早吃过晚饭，孩子们洗完澡，将那一张被汗水浸得老红的竹铺放到塘基上。夜色渐渐降临，深蓝的天幕上布满了点点繁星。我们就在乡间夜色里嬉戏，穿一条蓝色短裤，着一件月白背心，摇着一把驱蚊的小蒲扇。劳作了一天的大人，光着膀子仰躺在月光里。黑魆魆的山，像一头沉默的兽。它伏在村前，踞守着夜里的田畴、农舍与灯火。那时，每一片成熟的稻田间，都立着一个架子，里面亮着一盏诱蛾灯。一切微弱的灯光，都衬出夜的凝重。

这时候，豆苗草叶间，水塘田圳边，南瓜花蕊里，苦瓜或豆角的棚架上，随处都看得见萤火虫发光的身影。一点一点，一团一团，它们上下翻飞，彼此簇拥，将乡间夏夜装点成一篇如梦如幻的童话。萤火在闪烁，微明的夜色仿佛在轻轻流动。若从草尖捉下一朵萤火，那柔和的光点便在你掌心里安静而温存。若放入玻璃瓶，那团停止了飞舞的萤光，会化作一簇冷寂的火。

那年月，我还不曾到过城市。有时候，父亲指着南边山外的那片灯光说，长沙城就在那个方向。今天想来，萤火闪闪的那些夜晚，原来正是一年中的大暑时光啊。

萤火虫产卵于衰草丛中，只有到了大暑这个节令，它们才由卵而虫。这些自带光芒的生命，很短很短，有的一生只有几天，至多也活不过一月。萤火虫于大暑后到来，一直延续至深秋。有诗为证：

银烛秋光冷画屏，轻罗小扇扑流萤。天阶夜色凉如水，卧看牵牛织女星。

多少年过去了，萤火只能在古典的诗句里亮着。在我生活的城市里，楼宇切割后的天空，滚烫的柏油路面，逼人的滚滚热浪，哪里还曾留下一片供流萤们栖息的水草？灯火阑珊，何处还存有适合这些精灵飞行的夜空？

对城居者而言，今日之"大暑"全然被挡在嘶嘶作响的空调之外，被挡在冰镇可乐与冰淇淋之外。城市的夏夜啊，不再有星空下的纳凉，也不再有纺车般的童谣和神秘古老的故事。而人们对于"热"的理解，越来越止于气温。

依季候与节气，"腐草为萤"之后，大暑的物候该是"土润溽暑"和"大雨时行"。可是，这苦夏的时光，还有多少人能领受到大地里层所泛起的那些湿润？很多时候，人们将泥土视为脏物，又何曾以手掌去触摸过这大地母亲的体温？

大暑是炎热的代名词。然而，暑的意义就是热吗？就是汗流浃背、气喘吁吁吗？不，在节气这里，大暑意味着上天对大地的一份赐予，一种滋养。

酷暑的光照与温度，都在转化出生命的神奇。在水稻那里，它化作了清香；在花朵那里，它化作了明艳；在果树那里，它化作了甘甜；在土地那里，它化作了丰腴；在天空那里，它化作了雷电与雨露……所有与大暑相关的这一切，是多么神奇的造化。

众生啊，各个领受吧。不必在暑热里怀念寒冬，亦不必在寒冬里回忆柳荫。一切，都是最好的安排。

大暑的意义是"热"。物理意义上的"热"，是传导、速度，是力量、能量。热，因此而成就为一门科学。心理意义上的"热"呢，是价值求同、氛围弥漫，是潮流时尚、时代趋势，它可能表征着一个时期的心灵生态。

当二十四节气行至大暑，我忽而从中看见一份深刻的生命哲理。

不是吗？大暑之后，便是立秋。极热之后，便会转凉。阴阳相生，物极必反，此为宇宙生生不息之道。就像古老的阴阳鱼所示，阳至极处转为阴，阴至极处转为阳。一切看似矛盾对立的两极，全在生命的圆融中彼此转化。

人生本是忧乐共生，繁华落尽就是苍凉。一念起，在大暑的时间节点上，脑海里兀自浮着一个美丽的"圆形"，如同一种宿命。

地球一刻不停地绕行太阳，这个蓝色星球的行迹，并不曾走出一个命定的"圆"。公转是一个圆，自转亦是。与天国遥遥相对的人间呢？春夏秋冬也以生命轮回的方式来"画圆"。

"圆"是闭合的几何曲线，何尝不是生命与哲学的神秘母题？

空间画圆，时间画圆，人间众生的境界，又何尝不是向往一个不留遗恨的"圆"？

1

3

立秋

唐·元稹

不期朱夏尽，
凉吹暗迎秋。
天汉成桥鹊，
星娥会玉楼。
寒声喧耳外，
白露滴林头。
一叶惊心绪，
如何得不愁？

立秋

初候

凉风至

↓

二候

白露生

↓

三候

寒蝉鸣

没有料到夏天如此快地走到尽头，凉风吹起，悄悄地迎来了秋季。银河上搭起了鹊桥，织女牛郎相会于玉楼。寒风阵阵，声声在耳畔喧闹，晶莹的露珠在林间枝头缓缓滴下。一片秋叶悄然落下，就惊扰了人们的心绪，如何才能不因秋至而忧愁呢？

立

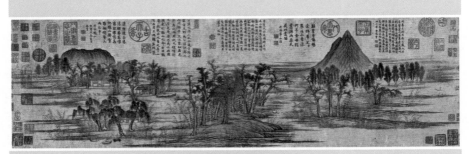

元·赵孟頫《鹊华秋色图》

秋

立
秋

听梧桐落下第一片叶　　晨钟暮鼓里有敬意

炽烈白光下，天地陷入了一场较量。

酷热蓄谋已久，苦熬如同宿命。大暑之后，每一缕阳光都铿然如弦。那粗重的蝉鸣，一声声为之转轴，拧紧。

打开窗，并没有见出什么不同往日的地方，包括光影调子、声响节奏，甚至风行速度。

一院时间，亦如一院草木。它们，皆在林荫下潜伏，闲云上凝眸，炎热里烹煮。

然而，我知道这个盛夏午后之于这一年的意义。

此刻，我坐在窗前，心里埋着一个天知地知，而你并不知道的秘密。我紧紧盯着腕上的表：到了，到了，三点三十九分五十八秒。是的，这正是立秋的时刻。时间如此精确，虔敬油然而生。我想，除了离别与新生，还有什么时候会如此在意到分分秒秒？

然而，这个时刻稍纵即逝。只在眨眼之间，它就将淹没于窗外单调的蝉鸣里。

白云依然像苍老的狗，阳光依然带着响箭，天空的粗暴与大地的隐忍，依然屏气凝神，暗暗角力。热浪咄咄逼人，谁还能从闷热中发出那吞吐日月、纵横天地的一声长啸，就像从冬的坚忍里发出春的欢愉？

秋立了。可是，窗外的炎热，仍像一个疯狂的巨人。他兀自拳头握紧，脸色铁青，仿佛欲令众生匍匐其下。然而，别看他如此强大，就在凉风吹过的这一刻，他的心头不可救药地荡起了一丝温柔。巨人的话语依然强硬，他的心却软了下来。

这不是寻常的心态改变，而是生命的接力，时间的交替。

一念起，万水千山。

就在刚才这一刻，阳气登峰造极，朝向阴柔；炎热布下天罗地网，凉爽却一线决堤。

我将窗子打开，任凉风将桌上的纸张吹得啪啪作响。太喜欢这带着凉意的风了，桌上漫卷诗书，树叶窃窃私语。

刚才这一阵风，不再属于夏天，它进入了秋天的地界。

它从远处林梢上吹来，从水面那边吹来，从三点四十分的时间节点吹来。它似乎就伏在山的那一边，又好像来自遥远的大海。

风来了，像是人间约定，更像是自然派遣。风之美，美在极热里生出的一丝凉意。这一份凉意，将致意宇宙众生。

"温风至"，是小暑到来的消息；而此刻，"凉风至"又是秋天到来的征兆。

遥想千年前的宋代，在这样的立秋佳日，皇帝会率百官到郊外，他们要举行一个盛大的仪典，以迎候秋天。当是时，梧桐树会由天井与阶沿移至内阁和大殿。他们想在梧桐落下第一片叶子的时候，听见秋天的第一声清响。

莫名，就感慨于古人对于生命的审美态度，包括声音。

那时候，晨光里有钟，暮色中有鼓，即使是露凝寒霜的深夜，城墙内还会响着清冷的更声。

时间，就在那些美丽的声响里，生出生命的敬意。

我想，今天倘若有钟声，最好能让立秋的消息从某一个远处的山头传来，让钟声穿过这沉闷的午后。想想，那将是何等优雅而美丽的一声提醒啊。

可惜，城市的视听世界里越来越只有庞大与巍峨，声音的审美甚至一片荒芜。即使一年一度的辞旧迎新，敲钟的声音都只可能来自电子模拟。我们怎么能奢求一个节气的更替，还能发出金石的响声？

无声的秋，不在乎有无钟声，它立了，立在任何一个敏感于自然的心上。有心的人能感应到，这一刻，时间茕茕孑立，像一山树木，一块石碑，一串音符奔放之后的戛然止息。

时间染上了秋色，并不意味秋天就铺开了它的景致。那些诗咏千年的风光，只会一页一页打开。二十四个"秋老虎"，依然盘踞大地，它将对峙着缓缓入侵的秋雨与秋风。

但，秋毕竟来临，美是不可阻挡的过程。秋到人间，其实是世立春···雨水···惊蛰···春分···清明···谷雨···立夏···小满···芒种···夏至···小暑···大暑···**立秋**···处暑···白露···秋分···寒露···霜降···立冬···小雪···大雪···冬至···小寒···大寒

天地
有节   120 | | | | | | | | | | | | |

间最美的时光翻动。让意念由北而南掠过我们的版图吧。高天，大雁，深红浅红的漫山林叶，成排成行的金黄银杏，梧桐叶上的青黄杂陈，篱落上方的桂花如雨，清江边的瑟瑟芦荻，西墙上的明月一轮……

秋天，从东北的白桦林里起程，经黄河北国，于八月抵达荆楚湖湘。待它降临南国海岛时，将是元旦新年。

问问立秋时刻的树木，它们才不管那么远。树木只以自己的方式获得秋天的消息。它们知道，立秋之后的十五天内，正是一年里炎至凉归、阴阳相转的澄明时节。先是"凉风至"，后是"白露生"，最后才是"寒蝉鸣"。

凉风，白露，寒蝉。一种物候，便是一份心境。

洛阳城里见秋风，欲作家书意万重。复恐匆匆说不尽，行人临发又开封。

谁叫秋天的冷暖连着世态的炎凉呢？谁又叫秋天的羁旅连着漂泊与归程，牵着寂寞和温暖呢？

只是而今，秋天里几乎绝迹了家书，也不见传信的鸿雁。

当我谛听秋天来临的时候，我想起了故乡的树木，想起了几十年间都未曾走出它凝望的那株千年银杏。

那是我见过的最美秋景。乡愁、明月和清酒，都在那一树秋色里。

在所有与"秋"相关的表达中，我最喜欢的语词首推"春秋"。

它是年年岁岁，又是重重历史；是五谷丰登，又是典籍传承；是大自然的春华秋实，又是百花齐放的思想佳境。

没有春秋时代，何来孔、孟、老、庄的东方智慧？

秋来了。秋风将世界吹得啪啪作响，也将我们的心绪吹成片片秋叶，或沙沙作声，或寂然回到大地。

处暑

唐·元稹

向来鹰祭鸟,
渐觉白藏深。
叶下空惊吹,
天高不见心。
气收禾黍熟,
风静草虫吟。
缓酌樽中酒,
容调膝上琴。

飞鹰向来在此时猎鸟无数,杀而不食,食而不尽,陈列若祭奠,秋天的气息真的越来越浓了。树下草木间,凭空吹来阵阵惊心的风,天空高远,看不清老天对万物的悲悯之情。暑气日渐收敛退去,农作物已经成熟,草间虫鸣声声可闻,更显风的宁静。容我慢斟浅酌杯中酒,轻拨细调膝上琴,且享受这宁静悠闲的初秋之日吧!

处

清·顾洛《蔬果图》（局部）

暑

处
暑

老鹰祭鸟　天地肃杀且庄重

　　暑，像是一头猛虎，自密林深处走来。那阵温润的风，或许正是它吐纳的气息。整个暑期，阳光当当作响，天空不怒而威。此时此刻，整个世界的姿势，莫过于这个"伏"字。

　　这些日子，唤作伏天。头伏、二伏、三伏……这是计量酷热的刻度，又何尝不是一种人生潜隐、生命蓄势？

　　"伏"这个字，从来就充满着张力。出了"伏"，便是处暑。

　　处暑，这个似乎还"心有猛虎"的节令，终于有了"细嗅蔷薇"的柔肠，它悄然宣告着一年暑热由此退场。

　　然而，阳光依然像那炫目的手指，还在铿锵与柔美的琴键上游走。

　　处暑，去暑也，暑热离去之意。我奇怪于古人何以言"处暑"，而不说"去暑"。或许，处暑的语义更显古雅。但在我看来，"处"的音义里，自有一种弥漫、胶着、苍茫、无辩的大境界，而不仅仅是一径古道，不只是时间里的"挥手自兹去"。

时间的辞典里，只有去，没有回。人们伤感于时间流域里众生的老去，可是，又有谁能从众生那里打听到时间的凝止？

二十四节气里，留下了天地众生对于时间的感应。先人们并不是从自我出发，而是以万物同理的心境走进朝夕相伴的天地。他们更愿意将物候的变化诉诸稻麦、桃李、梧桐、老鹰、鸿雁、玄鸟、黄鹂、蟋蟀、流萤、蚯蚓、游鱼、走兽、雷电、彩虹……在这里，人并未居于中央，甚至，根本就没有出场。先民们，始终谦卑地从花鸟草虫、飞禽走兽那里去获得物换星移的生命密码。

因为敬天法地，时间不只是一种速度，更是一种敏感和诗意；生命不只是一种孤独，而是与天地共往来。

然而，在今天，二十四节气里所提及的诸种生物，早已拼接不出历史深处的时间样态。因为，种植稻菽的耕地被傲慢的城市化进程吞没，老鹰失去了盘桓青天的雄姿，流萤也不再点亮灯笼，彩虹只能于手游里升起……我们渐渐迷失于现代性的穷途。

暑热退场之后，先人们于世间万象中又看见了什么呢？

"鹰乃祭鸟"，"天地始肃"，"禾乃登"。

似乎没有一件是惊天动地的大事，但每一件又都关乎天地大道。

我在故乡秋后的田间偶尔见过老鹰。

它一身深灰羽毛，身形健硕，眼光犀利。蓝天下，它忽而从高天俯冲而来，以迅雷不及掩耳之势，瞬间从一群惊叫飞蹿的鸡崽中攫取一只，然后拍打着翅膀掠过对面的树梢，飞到山的那一边去了。

那是四十年前的乡间。今天，老鹰、喜鹊、八哥、白鹭均难觅踪影。它们是消失了，还是迁徙了？是我们损害了它们的家园，还是它们不愿与我们为邻？天空早已没有它们的身影，屋檐下，只有争吵不休的麻雀。

秋天是属于雄鹰的季节，而雄鹰更多时候属于草原。物竞天择吧，鹰在这个季节会捕杀小鸟为食。令人钦敬的是，古人居然从鹰的世界里发现了仁义，即鹰在杀生之前居然也有昭告鸟类的一场仪典，也有祭祀。这就像雨水来临的时候，水獭也会祭鱼一样。祭祀，其实是古代的日常。人们对天地，对祖宗，对神明，对自然，对一切未知，总靠着祭祀这种古老的方式去守护神性，倾听命运，祈祷未来。

祭祀，赋予时间以庄重。但这种时间里的庄重，今天也零落成泥。失去敬畏之心的人们，只会在知性面前举头，不复在神性那里俯首。

在我看来，某一片土地、某一种族群，若整体上失去了精神生活，进而失去了神性，失去了信仰，那里的文明就会塌方，就会成为真正贫穷荒凉之地。

上溯东方历史，我们看见了万物有灵的世界观，看到了生命平等的价值观。而置身今日之欧洲世界，那些遍布于城乡的哥特式教堂，正以对话上帝的建筑表情，虔敬地聆听福音。教堂的钟声好像让蓝天白云下的每一小段时间都押上了金光闪闪的"ang"韵。

且让目光由祭祀的仪典扩向整个秋日的天地吧。肃杀，这个词似乎是它最严峻的表情。肃杀与悲凉在一起，那是天地的境遇，亦是人间的境遇。在古代，斩杀犯人，谓之秋后问斩。草木肃杀，人间问斩，天与人互相照见彼此。沙场秋点兵的整肃，也是一种杀气，只是它往往被秋天的淡云旷野烘托得恰到好处。

处暑之后，天地肃杀之气开始显示于草木、田畴、云翳，亦见于人的愁绪秋思。因此，肃杀，是天地，也是人心。此时，我们不能不以秋水伊人的柔情来抚慰万物凋零的忧伤。

处暑第三候，关乎作物与果实，叫"禾乃登"。秋，左为禾，右为火，原意即谷物成熟。此处，登者，亦成熟也。五谷丰登，言秋之硕果累累。

万物都有各自的承受，天地之精华会在不同的生命那里引发神奇的变化。光如此，水亦如此；风如此，雨亦如此。在这里，昼夜的温差可能化作了果实的甜蜜，而肃杀与萧瑟的背后，也可能成就了花的芬芳、果的橙黄。

时间都在众生的适应里，一切是上天的安排。

宋·佚名《蕉石婴戏图》

白露

初候
鸿雁来
↓
二候
玄鸟归
↓
三候
群鸟养羞

唐·元稹

露沾疏草白，
天气转青高。
叶下和秋吹，
惊看两鬓毛。
养羞因野鸟，
为客讶蓬蒿。
火急收田种，
晨昏莫告劳。

被露水沾湿的稀疏秋草已经发白，天空也渐渐转变成天青色，令人觉得秋高气爽。秋风吹过树木，落叶纷纷，也吹过人的毛发，染白了双鬓。此时，野鸟纷纷开始储食，如藏馐馔。作客他乡漂泊不定，不免惆怅于秋风中蓬蒿野草的飘摇。然而这个时节，人们都在急着抢收农田里的庄稼，从早到晚不辞劳苦，无暇悲秋。

清·王翚《平林散牧图》

···立春···雨水···惊蛰···春分···清明···谷雨···立夏···小满···芒种···夏至···小暑···大暑···立秋···处暑···**白露**···秋分···寒露···霜降···立冬···小雪···大雪···冬至···小寒···大寒···

| | | | | | | | | | | | | 133

白
露

白
露

天地肃杀　它们却把温暖留在人间

　　白露这个节气，像不像一个古典女性的名字？这名字天然有其纯真与清丽，明媚和阴柔。

　　近地升起的温热之气，遇冷而凝，结于草木之上，谓之露。四时与五行相呼应，秋属金，金色白，故有白露之名。

　　一年行至此处，时光之流好像失去了澎湃与壮阔，它淡定了，清澈了，甚至化作了晶莹的珠泪。一滴，一滴，辉映着秋日的晨昏。

　　露从今夜白，月是故乡明。

　　杜甫的句子，老去了一千多年。然而，那颠沛流离的乱世羁旅，那魂牵梦绕的异乡思亲，依然还停留于游子的泪光里，就像那一夜的白露，那一夜的明月，依然轻寒入襟。

　　那是四十八岁的杜甫。你不曾见过他那半旧的衣衫，不曾见过他额上苍老的皱纹，亦不曾听过他眺望故园的凄然苦吟。可是，那薄薄的夜色与深秋的况味，你又觉得它清晰得如同窗外的风物。

那一夜的白露，亦如今宵。你于忙碌中淡忘了季节的变化，诗句却记得。

白露是天地写的诗，也是画在黑暗与黎明交替处的一个个标点。

莲出绿波，桂生高岭；桐间露落，柳下风来。

何等清雅自在的"无我之境"啊。桐间露落，亦如"竹露滴清响"的禅心古意。问世间，还有怎样一种安静，会比大自然的天籁更加幽深？

白露于我，更多的，只是儿时的记忆。

那些清晨，我从篱前或阡陌走过，白露正在草木间醒来。阳光下，每一滴都是可爱的样子。

那坠在狗尾草尖的，带着绒绒的质感；那悬在饱满谷穗上的，映着丰收的喜悦；那落在豆荚上的，摇曳紫色的精灵；那滴在荷叶上的，一粒一粒，仿佛碧玉盘里的珍珠。更多的，还在塘基上那些贴地生长的野草间，它们密密地隐在那里，眨着眼，闪着光，看着这个世界由炎入凉。

树上的露珠只好去仰望。金黄金黄的银杏，深红浅红的枫叶，都有画家的色彩里不曾有过的纯净。倘站在树下轻轻一摇，露珠就像雨滴般纷纷洒落。印象最深的，还是屋后的泡桐树。那宽大的叶上，总有一颗颗很大很大的露珠。倘若一个人站在檐下静静晨读，会听到泡桐叶上的硕大白露缓缓地落到地上，一声一声，发出清脆的回响，如同晨光的音节。

可惜，我那时候太小，并不知道《诗经》里的那一首《蒹葭》。

蒹葭苍苍，白露为霜。所谓伊人，在水一方。

多年后终于懂了。蒹葭清瘦，相思苍茫。白露凝霜，又何尝不是真情的凝伤？

我想，或许是白露意味着阴气上升吧，太多的古典闺怨与官怨都在露的寒意与月的孤独里。

玉阶生白露，夜久侵罗袜。却下水晶帘，玲珑望秋月。

我们无从考证李白的诗句是在为哪一位宫廷女子代言，也不知他到底写于何年何月。然而，这又有什么要紧呢。白露，留下了那一夜的痴情；月亮，留下了那一夜的向往；玉阶，留下了那一夜的寂寞。

白露结在草木上，也结在诗词里。然而，对于那些俯察大地、仰望苍穹的先人来说，他们的心不止在诗意里，更在对物候变化中万物的理解与同情里。

白露之节气，将有三候。一是"鸿雁来"，二是"玄鸟归"，三是"群鸟养羞"。

不知是不是一种巧合，此三候全都与鸟有关。我注意到，二十四节气中，以鸟为征兆的物候最多。

何以至此呢？我想，大地是人类的家园，天空是鸟类的家园。然而，鸟类大约出现在 1.5 亿年之前，而晚至 700 万年之前，人类才出现。可是，傲慢的人类并不在意这些。9000 多种鸟，我们能叫出名来的区区不知凡几，更不要说走进鸟类的情意世界。

或许，在专业细化的现代社会，只有研究鸟类的生物学者才会对鸟的生存、演变、性情、生活有更多的了解。在大众眼里，鸟无非是风景里的点缀，甚至只是一种概念或一枚标本吧。

人类对鸟类的隔膜，就像鸟类对人类一样。而在先民那里，人们对节令的预知与感应，总能从鸟类那里获得信息。

对鸟类来说，白露是一个迁徙的信号，就像春节对团聚的感召一样。

鸿雁自北而南，燕子也自北而南。就在人间悲秋、伤离别的天空之下，鸟儿开始了自己的征程。

秋天的傍晚，你是否也遇见过雁阵？鸿雁飞得很高，蓝天会衬出它们飞翔的优美姿势。每每一阵都是六只，一只领头，排列出"一"字或"人"字队形。它们远远地从山那边飞来，转眼又飞到山的另一边，缓缓消失在夕阳余晖里。有时候，你还可以听到雁叫声声。据说，这些鸟喜欢通过叫声相互鼓舞，比翼齐飞。古人认为大雁飞到湖南衡阳即返，故衡阳又名雁城，当地还有山峰名为回雁峰。

　　燕子以羽毛青黑，亦称"玄鸟"。燕语呢喃，那是至柔的春声。燕舞双飞，那是如剪的春风。没有人不欢迎燕子，仿佛它们的巢筑在何处，最美的春光就在那里。这些年，乡下老屋的檐前，年年都有燕子光临。"几处早莺争暖树，谁家新燕啄春泥。"春暖花开的时节，它们在我们的院子里飞进飞出，像是家中一员。

　　而今，白露来了，它们又该飞向南方。有时候，我会久久凝望梁间的某一只燕子，心中生出莫名的牵挂与敬意。它们一路南飞，会飞过哪些高山，哪些河流，哪些城市与村庄呢？这一路归程到底会有多远？那么远的路，明年春天，它们又是凭什么路标找到我家这个小小院落的？我无法理解它们对旧巢的情感，也无法理解它们命里的漂泊与流浪。但它们的身影，却是白露的最美提醒。

　　燕子飞走，群鸟们也开始休养生息。为了抵御寒冷，从现在起，它们要为自己准备足够的食物，要把自己养得肥肥胖胖的。它们很清楚，在不久的将来，会有漫天风雪在等着它们。不知最初的先人如何去理解这个鸟类世界所承受、所发生的这一切。或许，他们是从"绿蚁新醅酒，红泥小火炉"的温馨时光里产生猜想的吧；又或许，他们是从群鸟的谈话里偶然听闻的？不管那些远古的目光如何捕捉到这些信息，当白露走到第三候的时候，时间被赋予了亲情与温馨。

　　白露时节，天地一片肃杀，温暖却在心里。这，才是美好人间。

16

秋分

初候

雷始收声

↓

二候

蛰虫坯户

↓

三候

水始涸

唐·元稹

琴弹南吕调，
风色已高清。
云散飘飘影，
雷收振怒声。
乾坤能静肃，
寒暑喜均平。
忽见新来雁，
人心敢不惊？

当此时节，仿佛琴声响起，弹奏着八月的南吕调，原来是秋风高远，天色澄明。云朵飘摇，影影绰绰，聚散不定；雷声低回，盛夏时如震怒的巨响之声不再。自此，天地将渐渐归于宁静肃穆，寒气和暑热自然均衡。忽见天空新雁飞来，人们的心情哪能不受到时光变迁的惊扰呢？

秋

五代·佚名《丹枫呦鹿图》

夸

秋

分

天地间那些均衡的美丽

到了秋分这个日子，莫名就想起世间所有均衡的美丽。

半白半黑的棋子，半虚半实的酒樽，半阴半阳的山坡，半江瑟瑟半江红的余霞⋯⋯

众生如此丰富，如此不同。远近高低，浓淡深浅，大小强弱，华素动静。这世间，本有那么多的对立、偏执与纷扰，一夜之间，一切又回到了混沌初开时的平宁。

此刻，阳光直直地射在那条虚拟的赤道之上。它如同神的慈悲，自苍茫太空俯瞰这个蓝色星球，保持着不偏不倚的中庸。

那是几何意义上的光影对称，又何尝不是天地自适的生命均衡？

这一天，连时间都被均分。昼夜等长，黑白平分，阴阳势均。

大自然默默呈现这种均衡之美。山色不浓不淡，水流不疾不徐，空气不冷不热。阳光像那神秘的手指，将自然万物调至和谐对称。整个天地就像我们的肉身一样，呈现出中分的法则。就像左脑与右脑，左眼与右眼，左耳与右耳，左乳与右乳，左手与右手，左足与右足。

我们的心，在这一刻，也像肉身一样，切中美的法度。无数阴阳互转，成就了秋分之时的均衡。时间却留不住它，一念过去，此消彼长又已启程。

越是这样想，越是深深敬服古人的宇宙意识与时空观念。

不能不说伏羲八卦是一幅大道至简的哲学图景。不知先人的目光掠过了多少琐碎与凡庸，他们才在泥地上悄然画下了八个自然意象：天、地、水、火、山、泽、雷、风。

与其说这是宇宙的描摹，不如说是哲学的抽象；与其说是生存的境遇，不如说是未来的卜知。世间人事的万千变化，全在这阴阳变化里。甚至一切推演还可以缩微对应到你的指间。世界那么大，似乎又都在一掌之中。天与人，其象，其理，其数，色相殊异，精神圆融。

火为离，水为坎。它们相对而立，处在伏羲八卦图的水平线上，这是不是一种中分？一年之中，将昼夜与季节同时均分的，也只有两个日子。

此刻的秋分是其一，另一个则是春分。

春分之日，莺飞草长，阳气升腾。人们没有理由不将祭祀的典仪献给太阳。而秋分之日，山高水清，阴气充盈。当此之际，人们又不约而同地将虔敬的目光献给月亮。今天，那些星散城市与山间的拜月亭，正是古人敬畏自然的心灵见证。

在我们的文化里，日月这两个星球，早被我们赋予了人间伦理，化作绝对理念、变化规律与艺术精神。

日为阳，月为阴。它们孕育着时间、季候、节令，又昭示着冷暖、离合与悲欣。它们赫然在天，是自然道法；它们朗然入文，是审美的门径。它们是风格，日为阳刚，月系阴柔；它们是气象，日为理性，月是柔情；它们是性别，日是男子，月是女性；它们是力量，日是铿锵与喷薄，月是婉转与低眉；它们是胸怀，日是温暖公平，月是浪漫孤独……

就像秋分呼应着春分一样，月亮呼应着太阳，内敛呼应着奔放，"千江有水千江月"的安静，呼应着"竹外桃花三两枝"的清新。

如果说春分是初阳蒸融的日子，那么秋分便是月色洗心的时刻。

在平平仄仄的古典韵语那里，那些借着月光下酒的诗人啊，总在秋凉如水的明月高冈上，白衣飘飘，起舞弄清影。

秋天本是登高思远的季节，若是对着月光，那咏叹里自有那化不开的山重水隔、明月与共。从"却下水晶帘，玲珑望秋月"的痴怨到"海上生明月，天涯共此时"的辽阔，从"明月何时照我还"的思念到"江畔何人初见月"的追问……月亮成为中国文学里永恒的相思，成为生命有限与宇宙无限之间抚不平的伤痛。

秋分乃秋之中点。酷热褪去之后的江南，终于铺开了秋天的声色。古人最先以秋分为中秋节，惜乎秋分之日的月亮远不及十五时的玉轮，于拜月而言，实在美中不足，遂将中秋节移至八月十五。

没有月亮诗酒的中秋，显然失去了岁月的风雅。在我看来，于众多吟咏中，苏轼的那一首《水调歌头》更得天人之妙。千年后的现代女子依然说，嫁人当嫁苏东坡。唯其性情达观，足以超迈古今。他的词境，确乎辽阔苍茫得贯通了宇宙人心。

既然"月有阴晴圆缺"是不可逆的天道规律，"人有悲欢离合"的人生遭遇又有什么不能承受，不能放下？"但愿人长久，千里共婵娟"是时间无尽、空间无极，更是冲破关河阻隔的人间思念与大爱。

上天也并不会太在意这些人间吟唱，它更愿意提醒人间风雷的变化。

春分第二候是"雷乃发声"，半年后的秋分呢，第一候就是"雷始收声"。雷既有鸣响的震惊，就有收声的安静。节气里的物候，有来有去。这一切，就像我们的一呼一吸。

有时候，我们只恨自己的麻木，春雷的声音不曾给过我们记忆，而眼下雷声又须沉默很久很久。

秋分之后，一场秋雨一场凉。万籁俱寂的深夜，抑或残梦依稀的凌晨，你在雨声里醒着，听它们在窗外的树叶间窸窸窣窣，会有一种清冷与孤独的况味。它们不像春雨那么热切，那么激动，而有一种空旷、萧疏与寂寥。

这是一种怀想的雨。不只是怀想远人，还包括一路与我们走过春夏的那些鸟类与昆虫。这时候，它们也在秋之寒意里，寻找温暖的去处。"蛰虫坯户"，它们即将以漫长的收敛去迎接春天的复苏。

这时候的水，就像儿时走过的那条明媚小溪，也渐渐干涸了。

　　鱼翔浅底的生动是见不到了。只有浅浅的一泓水，隐在那些枯萎的草茎间，细瘦而安静地，倒映着天空的干净。

　　秋分三候，大至天空的雷音，小至地面的蚁巢，再到石上的溪流，一切仿佛都是天意，大地上的一切被调和到刚刚好。

　　八方安顿，四面停匀。万物好像禅定，从容地吐故纳新。

17

寒露

初候

鸿雁来宾

↓

二候

雀入大水为蛤

↓

三候

菊有黄华

唐·元稹

寒露惊秋晚，
朝看菊渐黄。
千家风扫叶，
万里雁随阳。
化蛤悲群鸟，
收田畏早霜。
因知松柏志，
冬夏色苍苍。

寒露降临，惊觉已是晚秋，朝看菊花，阳光下它们渐次变成金黄色。家家户户前，八面来风，劲扫落叶片片；晴空万里，北雁追逐着太阳南飞。悲伤啊，原先漫天飞跃的雀鸟已随时节入水化为蛤蜊；赶快收割吧，真害怕早到的寒霜毁了庄稼。万物随时节而变化，唯松柏有志，无论寒冬还是酷夏，不改苍翠之色。

寒

采采且可□洲香花且自
由露掃今夕止雨双異古
卑嫄彼夐與貪迭波
額由頭冷鳥萬陔影籟
海宵清倌

清·佚名《缂丝乾隆御制诗鹭立芦汀图轴》

露

寒
露

一滴水映照中国文化的特殊气象

　　这个日子被称作寒露，就像一个月前那个叫白露的日子一样。由秋凉到秋寒的悄然渐变，全在一滴露珠里。

　　露，挂在树叶草丛间的一颗晶莹水滴，大地孕育，上天降生。夏虫不可语冰，露的生命也只在倏忽之间。它起于黄昏，穿越长夜，只为闪烁着晨光，甚至无法抵达正午。

　　然而，如此一粒小小的水珠，竟滴入了中国节气与中国文学的微妙与幽深里。

　　"朝饮木兰之坠露兮，夕餐秋菊之落英。"在屈子的行吟里，它是贯通神人两域的圣洁与孤高。"对酒当歌，人生几何？譬如朝露，去日苦多。"在曹操的短歌里，它表达着生命苦短、人生无常。"槛菊愁烟兰泣露，罗幕轻寒，燕子双飞去。"在晏殊的咏叹里，它是寂寞与相思的珠泪……

　　露是秋深的见证，是时间的点滴，更是生命的飘忽；是德泽广布、皇恩浩荡，是爱无差等的均沾惠泽，更是思维的整全与世界的圆融。

遥想那片古老的深秋田野，会是怎样一位先民忽然觉出了今朝的露水不同于昨夜？第一滴寒意，究竟是滴在他的脚背，他的颈项，还是他的舌尖？

他那一份惊喜的发现，是不是像风一样跑过田埂，传遍村落，传遍一条河的所有流域？

寒，这个与暖相对的音节，如此悠长，如此苍茫，如此浩瀚，仿佛是秋冬最美丽、最忧伤的韵脚。

世间万物，着一"寒"字，便蕴积了一种气象，一股张力。

寒露不同于白露，寒雨不同于春雨，寒江不同于清江，寒山不同于苍山，寒树不同于暖树，寒鸦不同于乌鸦，寒蝉不同于秋蝉，寒烟不同于轻烟，寒衣不同于秋衣，寒门不同于名门，寒士不同于雅士……

寒，是天地之气，亦是人间之象，更是心灵之境。

总有一份千年不老的寒意，在古典诗性里代代绵延。

"寒雨连江夜入吴"，是王昌龄留在芙蓉楼上的别绪离愁；"远上寒山石径斜"，是杜牧留在岳麓山的秋日背影；"拣尽寒枝不肯栖，寂寞沙洲冷"，是"中秋男神"苏东坡的幽人雅致，还是那一夜的孤鸿月影？

《红楼梦》的月下联诗，史湘云出句"寒塘渡鹤影"，林黛玉对上"冷月葬花魂"。文字堪为心灵神迹。与其说这是两行诗句的工稳对仗，莫如说这是两位女性的前世今生啊。

江北江南，山寒水瘦。而今，所有大地与天空的消息，都凝结在那一颗奇妙的水滴里，凝结在白露至寒露的时间里。

这一滴水，岂止是时间的计量，它简直就是整个秋天的丈量。

露珠传达天地消息，就像眼泪表达你内心的秘密。

天人合一的中国文化，随处可见这种见微知著的心灵映照，天人互现的生命应答，心物相融的审美神思。

寒露之后的秋天，不再是"天凉好个秋"，而是更深露重、落花成冢的寒秋。相对于"独钓寒江"的孤独与凛冽，这时的寒意依然淡如水，一片窗下杏黄的灯光、一纸咫尺天涯的书信，就可以将它轻轻驱散。

到寒秋的山间看看吧。草木依然清朗，随处是芦荻的穗，那么柔顺而谦和。当它年轻时，曾是一丛丛蓬勃的碧绿，而今只在高远的天空下俯首。桂花呢，总会不期而遇。刹那间，它就进入你的五脏六腑，仿佛是一场猝不及防的盛大洗礼。那弥漫的芬芳，全然不似桃李，而像整个秋天的情欲……

然而，寒露毕竟又是由凉入寒的天气转折，特别是秋风吹起的日子。

我所居住的小楼，北面是一片没有阻挡的空旷远山。独坐顶楼书房的时候，偶尔会听到风在屋顶呜呜呜地轰响，一阵盖过一阵，直叫夜色一团一团地攥紧。

无风的日子，街上满是穿夹衣的背影。推开窗，整座院子都如许安静，只有明媚的秋日照着空气的寒凉。走下楼，才发现很久都不曾听到鸟雀的啼唱了。不要说黄鹂、鸽子、斑鸠、画眉、云雀、夜莺，就连那叽叽喳喳、争论不休的麻雀都不知隐居何处去了；无数叫不出名字的小鸟，都销声匿迹了。它们，是不是在寒露来临或更早的时候，已然迁居他处？

鸟儿或许在窗外谈论过白露与寒露的消息，只是我并不曾在意过它们的去留。

在寒露三候里，一候"鸿雁来宾"，二候"雀入大水为蛤"，三候"菊有黄华"，全都关乎花鸟。花鸟是国画的古老题材，莫非也是静与动的谐调、时与空的交织？

雁南飞，曾是立秋的标志。而今，它们飞向哪里，落在何处呢？每一种物候都像生命来去，总会遥相呼应。想象有一位先民欣然遇到了南归的大雁，他默默地伏在芦苇丛里，好奇地注视着长途迁徙而来的庞大鸟群。他看见雁群也在恪守着先主后宾的人间伦理，仲秋时到的大雁为主，季秋时到的则为宾。

我更喜欢另一种联想。那是另外一位先民。他追着大雁来到了南国的海滨，看它们在温暖的蔚蓝里起舞。他想，大雁在此过得很好，那些小鸟呢？他低头看到沙滩上各种蛤蜊，五彩的花纹不正像是鸟雀的羽毛吗？

这同样是一份伟大的惊喜，它从大海传到田野与深山，让"雀入大水为蛤"成为物候的联想与揭秘，那里还藏着"飞"与"潜"的古老哲学。

···立春···雨水···惊蛰···春分···清明···谷雨···立夏···小满···芒种···夏至···小暑···大暑···立秋···处暑···白露···秋分···**寒露**···霜降···立冬···小雪···大雪···冬至···小寒···大寒···

| | | | | | | | | | | | | | 153

寒
露

　　寒露之后将是菊花怒放的时期。太多的花，钟情于春天的阳气勃发，在温暖的季节绽放此生的美丽。秋天，特别是寒露之后的秋天，天地之间阴气充盈，正是秋虫瑟缩的时候。然而，懂得造化的花神，不可能忽略了这个季节的馈赠。它为秋天选择了菊花，选择了那最能安慰寒意的遍野明黄，选择了凌霜开放的秋菊。

　　我小时候看过的菊花，是乡间路旁野生的黄色雏菊，小小的，圆圆的，像是童年画里的小太阳，我曾采下一束雏菊插在秋天的窗下。多年以后，在城市的公园看到了菊展，才知道菊花原来可以开得那么大，那么美，有那么多品种。我并不觉得菊展更美，反而固执地认为，当年陶渊明于南山所采的，不是那种盛大开放的，而是一束小小的清雅。

　　诗人说，天上的星星是地上的花朵，而地上的花朵也是天上的星星。我想，菊花是不是秋天里最亮的星座呢？

　　"飒飒西风满院栽，蕊寒香冷蝶难来。他年我若为青帝，报与桃花一处开。"这是唐末农民起义领袖黄巢的咏菊诗，相传他作此诗时，年方五岁，还是一个孩子。联想到日后他"满城尽带黄金甲"的威胜，或许你会称赞诗里侧漏的霸气。而我恰恰并不喜欢"报与桃花一处开"。因为，花开有时，各美其美。没有菊花的秋天，还是什么秋天呢？

　　我想，一滴寒露或一滴白露，它们，都是万物有时的生命见证。

18

霜降

唐·元稹

风卷清云尽,
空天万里霜。
野豺先祭兽,
仙菊遇重阳。
秋色悲疏木,
鸿鸣忆故乡。
谁知一樽酒,
能使百秋亡。

秋风凌厉,卷尽空中清云;长空万里,布满茫茫秋霜。野外的豺狼在深秋猎食,食有余则弃而陈列,仿佛举行祭拜仪式;菊花仙子在重阳佳节展露真容。秋天草木稀疏,令人悲伤;鸿雁南飞鸣叫,教人追忆遥远的故乡。且借一杯薄酒,消尽百年秋惆!

霜

明·蓝瑛《溪山秋色图》（局部）

降

霜
降

每一候都是对生命往来的呼应

站在南方的桂花树下，霜降还只是遥远的北国消息。

寒霜起于昨夜今晨。每年今日，那里的山间草木会悄然染上浅浅的白华，连同他们的柴扉、屋顶和门前的远山、旷野。

在我老家，最重的霜华称作"白头霜"。白头霜降临的清晨，我看见父亲从对面的田间走过，那一径一夜白头的野草，在他的裤管边匆匆零落。此时，老屋黑色的瓦楞上，也覆盖着一层薄薄的清冷。母亲生起的炊烟，比往日多了一份凝重，在寂静的山间久久不曾散去。

年少日子，谁又去领略以白头命名秋霜的深意呢？只是多年以后，当父亲已不在人间，我满头华发地回到故乡的草木前，才忽然明白，霜是白头之色，白头又何尝不是那一袭岁月的风霜？

莫名就想起李白的句子：

白发三千丈，缘愁似个长。不知明镜里，何处得秋霜。

人间草木，无一不是人间世态。我看见窗外的树木由青枝绿叶到黄叶满枝，在那株树木的眼里，我又何尝不是由青丝满头到鬓染霜雪？

我不知道，世间还有怎样的一个音节会像"霜"这样，将天地人间、自然人生化作一声生命的提醒？

霜降，是秋天最后的乐章。天地的色彩、声响与气息里，含蕴着生命的苦难与光明，亦融汇着时空的苍茫与沧桑。

是苦寒与等待，赋予了"霜"的格局与重量，让它在深秋的月夜，发出念念不忘的回响。

"悲落叶于劲秋，喜柔条于芳春。"

寒霜与秋风一样，总被中国古典文学染上挥之不去的生命哀愁。

"月落乌啼霜满天，江枫渔火对愁眠。"

那漫天霜华，是张继所处的凄寒乱世，亦是诗人愁绪满天的无眠子夜。

"纵使相逢应不识，尘满面，鬓如霜。"

那如霜鬓发，是苏东坡对发妻逝去十年间的朝思暮想，亦是他与王安石政见歧异、才志无处伸张的心灵隐痛。

"鸡声茅店月，人迹板桥霜。"

那板桥上无人踩过的凛冽霜痕，是温庭筠早行商山的旷古寂寞，亦是他天涯孤旅的苍凉背影……

无数染"霜"的文学意境里，自然时令、世道人心、个人境遇都在"霜"的回声里辽阔绽放。

且铺开一张纸，一笔一画地写下：霜。这些繁复的笔画，是不是像眼角细细的皱纹，头上萧疏的白发？

然而，霜降并不是文学，是大自然的节令。它与每个节气一样，都是生命的律动。在肃杀的深秋，它的降临是对菊花的礼赞，更是对无数秋叶的成全。

深秋之美，不在花的绚丽，而在叶的斑斓。

不是吗？平日里，那些你不曾注意的树木，到了这个节令，它们的叶子就迎来了一生最辉煌的盛典。

秋叶之美，一点都不逊色于春花。

金黄的银杏，吐露全部的暖意；宽大的枇杷叶，落在路上，枝头的新绿化作了褐色的深沉；至于枫叶，那热烈的情绪更是胜于二月的春花。

是的，秋叶的色彩变化，无一不出自大自然之手。浅红深红，明黄暗黄，哪一抹又是画家可以调配的？

霜华成就了"树树皆秋色"的美丽。然而，它的馈赠远非这些。即使是地里的萝卜白菜，霜降过后，自有那无与伦比的甘甜。

天地不言，亦无悲喜，它只相信时间的轮回与大地的孕育。

时间是一场仪式。一切存有敬畏的众生万物，都会以自己的方式来构建和谐的心灵秩序。

霜降三候曰："豺乃祭兽"，"草木黄落"，"蛰虫咸俯"。我发现，这里的每一候都是对生命有往有来的呼应。

"豺乃祭兽"，是说生于山林的豺狼，捕杀小兽后并非立马撕咬吞食，而是将猎来的小兽摆成一排，如同祭祀，感恩与昭告。或许，在先民眼里，即使是如此凶猛的兽类，亦非弱肉强食的野蛮者，它们亦有捕杀之道。

山中兽类如此，水中鱼类如此，空中禽类亦如此。雨水第一候，谓之"獭祭鱼"；处暑第一候，谓之"鹰乃祭鸟"。

一个"祭"字，让时间有了庄严之象。

雨水第三候是"草木萌动"，有萌动，就有生长；有生长，就有凋落。叶落，有回归大地的美丽，正像花开，有绽放芬芳的优雅。

这就是生命的本质。

立春第二候是"蛰虫始振"。有振翅，就有栖息；有歌吟，就有沉默。

对于百虫来说，霜降是天地的号令。这是它们生命的一程：潜入地洞，垂下头来便是冬眠的开始。

倘若它们懂得人类的语言，此刻最适合它们的诗歌，或许是那个叫叶芝的爱尔兰诗人的轻轻吟唱：

当你老了，头发白了，睡意昏沉，炉火旁打盹……

不过，昆虫们此时并非老去，它们只是在经历一场漫长的等待，等待那一声春雷的消息。

宋·许迪《野蔬草虫图》

霜降冷风寒人，立冬之日，湖面与清水漫处，都结起了薄冰。月亮显露出纤细的影子，南飞的大雁空剩几行残影。庄稼收割储藏之事已经完毕，此时农闲天寒，正是制作御寒袭衣之时。这一时节，野鸡们踪影全无，仿佛一下子都投水而化为大蛤了。

唐·元稹

霜降向人寒，
轻冰渌水漫。
蟾将纤影出，
雁带几行残。
田种收藏了，
衣裘制造看。
野鸡投水日，
化蜃不将难。

立冬

初候

水始冰

↓

二候

地始冻

↓

三候

雉入大水为蜃

清·王翚《仿李咸熙寒林图》

立
冬

四野越冷　冬夜越黑　越显灯之温明

冬，这音节仿佛有一种空旷的回响。

"咚——"野果轻落于空山；"咚咚——"门扉小叩于雪夜；"咚咚咚——"箫鼓奏响于黄昏，琴弦拨动于晚风……

"咚"的一声，是静寂的打破，温暖的回应，节奏的疾徐。出于沉默与蕴积，而发为虚心和张力。这声响的清晰与坚定，仿佛切中你我的心跳与脉搏。

莫非，冬得名于先民篝火狂欢中的鼓点，抑或那带着木质温暖的自然拟声？

然而，拟声终归被赋予了季节的性格。

冬者，终也。这是一年最后的乐章。时光如百川归海。浩渺与奔腾，动静咸宜；沉静与孕育，相克相生。

日历说，冬天今日降临。不过，在此刻的长沙，草木似乎还沉浸于深秋里，天地尚不曾透露多少冬的影痕。

秋山依然苍翠，江水兀自澄澈。庭前的芙蓉、秋菊、桂花以及山间那么多无名的野花，依然开得自在而从容。菜畦上，蓝色的包菜、青色的上海青，以及黑绿的冬寒菜，依然鲜嫩可人，丝毫不见衰微的样态。

节气之变，弥漫于天地。天地如此辽阔，万物又各不相同。这么浩大的生命感应，怎么可能像一页日历的轻轻翻动，又怎么可能如钟表上滴答作响的指针移动？

千差万别的山川地理，千差万别的生命个性，注定冬之到来不可能是一场有形的跨越、一次磅礴的转型。时令不是命令，它的嬗变与更替只是温和的渐进。温和，是它的心境;渐进，却是它的脚步。

尽管天空与草色还呈现一派秋色秋韵，冬天却不会因草木的欣荣而迟迟缓行。天地不言，不言是最大的肯定。

于众生而言，这一回冬天的来临，只是无数轮回里的一次温故而知新。

或许是手机上的视听麻木了人们的感官吧，现代人似乎愈发停留于语言里的冬天。冬天的辞典，也逐渐成为一套因袭的话语标签，诸如白雪，如寒梅，如朔风凛冽，如岭上孤松。语言是一种赋予，也是一种剥夺。以语言抽象过的冬天，可能就失去了北国与南方，也分不出故乡与他乡。

冬日之美不在成语中，而在你的眼里。一个山垭，一条河流，一片残荷水境，乃至一树一花，一狗一猫，都有道不尽的丰富与微妙。

你说，哈尔滨的冬天是林海雪原吧？老舍先生却说，在济南的冬天，满城碧水垂杨，而四周的小山正好围成一圈，像一个婴儿的摇篮。清晨，你惊讶于窗棂上的雪花，而那南方之南的人们，一辈子都不曾见过寒夜过后的万树梨花。你说冬天肃杀，万木凋零，可总有一些人，他们会在那寒夜里看见北斗的方向，从枯荷里感应水底的生长，从落叶里听见生命的歌唱。

今岁不同于去年，此刻不同于刚才。时光与草木，没有哪一株完全相同。

十月江南天气好，可怜冬景似春华。霜轻未杀萋萋草，日暖初干漠漠沙。老柘叶黄如嫩树，寒樱枝白是狂花。此时却羡闲人醉，五马无由入酒家。

冬景胜于春华，狂花绽放寒意。白居易以一颗敏感诗心，总能于同样时令里看见万物不同。"可怜冬景似春华"如此，"人间四月芳菲尽，山寺桃花始盛开"又何尝不是这样？

即令都是冬天，初冬与隆冬也是完全不一样的况味。

初冬，仿佛是那杯冒着热气的豆浆；而隆冬呢，更像是炉火映照里的美酒。无论是初冬还是隆冬，地已冻，天已寒，冬天自有它的冷峻与凝重。然而，冬天像是一部哲学，越是四野的冷，越是显示冬阳的温存；越是冬夜的黑，越显示灯火的迷人。

冬天的太阳没有春天的喷薄，也不似夏天的严酷，它不浓不淡，不炎不凉，充满着明亮的慈悲与中庸。若环顾四野，半山明亮的草木，一壁午后的斜阳，满径斑驳的光影。所有阳光照亮的地方，就是你温暖的故乡味道。

立冬，与立春、立夏、立秋一道，成为一年节气的"四仪"。在遥远的农耕岁月，自命为天子的帝王率公卿百官迎冬于北郊，正如他们曾迎春于东郊，迎夏于南郊，迎秋于西郊一样。在这自然古礼中，我们惊异地发现中国古代的时空观，不是纵横交错的，而是浑然于一的。春夏秋冬的时序，与东南西北的方位，以万物生长的名义深深交融。空间，是时间的生长；时间，又是空间的绵延。不能不叹服这时空交织的智慧。

立冬三候，都关涉水土。一候"水始冰"，二候"地始冻"，三候"雉入大水为蜃"。

水土，是世界版图的要素，亦是人类家园的根基，更是文化生态的基因。此所谓，一方水土养一方人。流浪他乡者，最大的不适或许不在饮食，不在方言，而是水土不服。

此刻，冬天到来的消息，由水土传递，是不是比那些走兽飞禽来得更为深广而厚重？

立冬之后，黄河流域的水渐渐结冰，而大地开始凝冻。至于那些飞奔的野鸡，此刻全都潜入海里，化为美丽的大蛤。这个神话般的物化臆想，是不是也道出了这个季节的沉潜气质？

或许，冬天真是一个更能让人回归自己、回到家园的季节。相对于担当和使命，它似乎更多地指向一种心灵的自由与逍遥。这个

···立春···雨水···惊蛰···春分···清明···谷雨···立夏···小满···芒种···夏至···小暑···大暑···立秋···处暑···白露···秋分···寒露···霜降···**立冬**···小雪···大雪···冬至···小寒···大寒···

| | | | | | | | | | | | |　　　　　　　169

立
冬

季节适于静坐，冥思，幻想，适于品味与分享。

冻笔新诗懒写，寒炉美酒时温。醉看墨花月白，恍疑雪满前村。

这样的诗，与这小令一样的阳光配得刚刚好，与这份慵懒与闲适配得刚刚好。这样的诗句里，看见的是一个率真而有趣的人。

诗仙从月白里看见大雪。当阳光正好从窗外投射在我雪白的纸上时，我想，这是巨大的空白，不应该是虚无，而是万水千山。因为，纸张，正是文字的水土。

不要怪雨后
无彩虹的踪
影，如今已
是小雪节气。
阳气聚于下，
阴气盛于上，
寒暑之气不
再交缠，天
地进入冬藏。
当此时节，
天空辽阔深
邃而更显月
光皎洁清
辉满天。北
风长驱直入，
吹得树枝唰
唰作响。在
这万物肃穆
的季节里，
纵使面对美
酒瑶琴，也
还是有丝丝
愁绪爬上
眉梢。

唐·元稹

莫怪虹无影，
如今小雪时。
阴阳依上下，
寒暑喜分离。
满月光天汉，
长风响树枝。
横琴对渌醑，
犹自敛愁眉。

小雪

初候

虹藏不见

↓

二候

天气上升，地气下降

↓

三候

闭塞而成冬

小

五代 · 佚名《雪渔图》

小
雪

在天地苍茫中　生命本该风雅

　　那一年，在这些香樟树下，你惊喜地唤一声小雪。那个叫小雪的女生，蓦然抬头，回眸一笑。从此，她的长发与白毛衣从你的青春里挥之不去。

　　多年以后，你又来到这里。高大的香樟，依然古老地立在楼前，立在冬日的寒风里。地上的落叶，如褐色的蝶舞，亦如殷红的相思。山水，天空，草木，屋脊……凝云下的万物，凛寒里的众生，一切都沉默无语，像那黑色的香樟籽实，一颗一颗隐在枝叶里。

　　你默默地走在记忆里，走在山川草木的注视里。它们，也像当年的你那样，朝着远处的天空，轻轻唤着：小雪，小雪。

　　这是一年中的第二十个节气，是冬天的第二幕。

　　"雨下而为寒气所薄，故凝而为雪。小者未盛之辞。"

　　雪是死去的雨，是雨的精魂。它们，皆系水的前世与今生。

　　节气里的小雪，有你想象的秀美，却不见得有你想象的温柔。

小雪降临的时候，时间亦如雪花，"一片飞来一片寒"。推窗远望，"天边树若荠，江畔舟如月"的水天迷蒙杳不可寻，而代之以一片水瘦山寒的苍茫。那种冷清里的苍茫，越发衬出路上行人的匆遽与渺小。

寒意愈深，愈是呼唤一场雪的到来。没有雪的冬天，似乎就是一种残缺。很多时候，雪不再属于自然，而更属于人心。在世人心中，雪是从冬日漫长的阴沉里开出的圣洁与明媚，是天空献给大地的仪典。它的洁白，像是一份暗示或寓言。

就像春之细雨、夏之流云、秋之明月一样，小雪是从天地大美里生长出来的不老时间。

节气里有小雪与大雪，它关乎渐进的时令；其小大之别，在于时序存先后，寒意见深浅，物候有呼应。气象里的小雪与大雪，只关乎一场雪的大小、多少与强弱；其小大之别，则在其格局、境界与情致。节气，是可以预知的必然；而气候，则是无法预约的偶然。

这么多年来，作为节气的小雪似乎并未留给我们太深的记忆，相反，某一场小雪却可能连着一段深情的往事。一个节气的嬗变，就这样置换为一个故事的布景。莫非，是人类太过以自我为中心了，对于节气降临的律令，竟远不像山川草木那样一呼百应？

小雪，是沉郁里开出的欢喜，冷寂里孕育的温馨。像此刻，即使是这样没有飘雪的小雪之日，心里依然会升腾起一种暖意。

每当冬日黄昏降临之际，夜色袭来之时，那些路上的行人与游子，会不会生出那身如飘蓬的寂寞与孤清？越是风雪载途，越是渴望一片温暖的灯火。至于雪夜，严寒令我们回到家园，回到真实的立春···雨水···惊蛰···春分···清明···谷雨···立夏···小满···芒种···夏至···小暑···大暑···立秋···处暑···白露···秋分···寒露···霜降···立冬···**小雪**···大雪···冬至···小寒···大寒···

| | | | | | | | | | | 175

小
雪

自己。那一份独处的宁静，正好为文学的想象添上了天使的翅膀。北欧的童话那么发达，俄罗斯的艺术那般忧郁，莫非都与辽阔的漫天飞雪有关？

无论是小雪还是大雪，总有那么多雪花飘在中国古典的文字与音韵里。那雪，飘了千年百年，落在了时间之外。

雪是生命的风雅，山河的苍茫，心物的化境。

"昔我往矣，杨柳依依。今我来思，雨雪霏霏。"

在中国最早的诗歌里，就有了雪落的声音。年少时读这些句子，以为那只是一个征人的回乡感喟。如今，我鬓染微霜，才发现这里所写的何止是征人啊？它分明就是在说你，说我，说我们每一个人的人生与岁月。谁没有那"杨柳依依"的青春与热烈？谁又能逃得过"雨雪霏霏"的凛冽与严寒？"杨柳依依"是少年意气，"雨雪霏霏"又何尝不是中年忧患？

小雪或许不及大雪的明媚与舒展。然而，它的气质里有一种小家碧玉似的秀气。记忆中，一场小雪过后，枯草中，瓦楞上，山石隙缝间，树根背阴处，总有那些残留的洁白，或一茎勾勒，或一抹点染，或一片缀饰，它们映在冷绿的草木里，如同宋词里的一曲小令。没有"惟余莽莽"的雄阔，而寒意却在襟间。那些余兴未央的小雪，似乎也在冷的蕴积中，等候一场生命的纵情挥洒。

雪有光，那光仿佛是上苍用以调和黑暗与阴郁的。雪舞的时候，心才会飞扬。

忽而想起一千多年前的江南，想起风雅而率性的魏晋时代。

　　那一天，大雪飘飞。谢安与众子侄雅聚于窗前。这些江南贵族，怎么忍心辜负那飘飞的诗意呢？谢安沉吟半晌，忽然指着那漫天雪花问："大雪飘飘何所似？"立马有人朗声应曰："撒盐空中差可拟。"话音刚落，一个清脆的女声响起，那是他的侄女儿谢道韫。她婀娜地站起来，做了一个优美的手势："未若柳絮因风起。"谢安的嘴角露出一线浅浅的微笑。

　　"撒盐空中"，那只是雪的物理拟形，哪里比得上那"柳絮因风起"的轻盈，更如何比得上这雪花里散发的漫天诗意？

　　那是南方的雪。正如鲁迅先生所写："江南的雪，可是滋润美艳之至了；那是还在隐约着的青春的消息，是极壮健的处子的皮肤。"它远不像朔方的雪那样，"永远如粉，如沙"，"决不粘连"。

　　雪落在冬天的大地上，人们盼望从那里听见春天的声响。"年华已伴梅梢晚，春色先从草际归"，黄庭坚的诗句与岑参的"忽如一夜春风来，千树万树梨花开"，与雪莱那"冬天来了，春天还会远吗"的千古咏叹，可谓异曲同工。

　　至于北方，雪来得更频繁，更壮观。驱散那外在的严寒，自然是少不了酒的。文学里的酒香，可以超越时间。

　　此刻，我想起9世纪的洛阳城，记得那个白发满头的老翁，记得他在那将雪未雪的黄昏里写下的句子："绿蚁新醅酒，红泥小火炉。晚来天欲雪，能饮一杯无？"那老翁，就是暮年归隐此处的白居易。他的信，写给一个叫刘十九的人。刘十九就是刘禹锡的堂兄，名曰刘禹铜。

　　每次读这首小诗，心里便生出一份神往，仿佛那邀约是给我、给你的。洛阳之大，于你我而言，一炉、一酒足矣。

白居易与苏东坡一样，都是生活美学家，他可以自酿美酒。新酒刚酿，酒面上还浮着蚂蚁大小的米谷，那是嫩绿的春之色彩；而火炉是小小的、红红的，温馨弥漫。夜是浓黑的，雪是洁白的。你看，绿与红、黑与白构成一个鲜明而美丽的"无我之境"。于那万山清冷的关中，这是最温暖的一束幽光，就像爱与友情之于人心。

雪是一种风雅，一种欢喜。然而，有时候，它也是寂寞与孤独。雪愈大，寂寞愈大，孤独愈深。这些，或许又是小雪所不能理解的。

"千山鸟飞绝，万径人踪灭。孤舟蓑笠翁，独钓寒江雪。"

四十多岁的柳宗元，此刻，他的心只在那"白茫茫大地真干净"的空无与孤绝里。他那颗无处可诉的心灵，此刻已超越永州之野，遨游于莽莽苍苍的天地之间。

"虹藏不见"，"天气上升，地气下降"，"闭塞而成冬"是为小雪之三候。

于此深冬时节，彩虹已然成为遥远的记忆。是的，没有了夏日淋漓尽致的雨水，没有了山谷里升腾的温润，更没有了舒展明亮的天空，哪里还会有彩虹的踪迹呢？虹藏不见，成为一种期待。

自小雪开始，大地阴气日凝。物极必反的生命哲学显出力量。就在大地阴气日重之际，正是天空阳气上升之时。

天地之阴阳未交，故闭塞成冬，动物们以漫长的冬眠来等待春天。可人类不一样，他们会以一场文学的雪，去打通天地、阴阳与物我，让人们在寒冬里生发出对早春的向往。

大雪

初候

鹖旦不鸣

↓

二候

虎始交

↓

三候

荔挺出

唐·元稹

积阴成大雪，
看处乱霏霏。
玉管鸣寒夜，
披书晓绛帷。
黄钟随气改，
鹖鸟不鸣时。
何限苍生类，
依依惜暮晖。

阴气聚积而成『大雪』，到处雨雪霏霏，白雪皑皑。管乐之声穿透寒夜，红帐中有人伏案读书至天明。黄钟律应节气而至，鹖鸟静默不鸣。天地万物，苍生涂涂，仿如珍惜黄昏暮色般，依依惜别这冬末岁尾。

大

明 · 项圣谟《雪影渔人图》

大雪

一场岁末仪典　等待着每一个漂泊者归来

传统节气里的时光，有时会是水的样子。

早春，它是檐前的雨水；暮春，它是迷蒙的谷雨；初秋，它是草尖的白露；深秋，它是叶上的寒露与霜降⋯⋯

由雨而露，由露而霜，由霜而雪。一切皆天道，一切皆自然。

就像此刻。小雪，归隐寒林；大雪，相期云外。

作为天气，大雪落在土地上。作为节气，大雪落在时间里。而更多时候，大雪是一种境遇，落在人的觉悟里。

冬日黄昏，穿过疲倦的城市灯火，时间仿佛于冷寒中瑟缩。远处那一带低垂的冬云，笼着一城灰色。和云朵对望的刹那，彼此的目光里生出同样的期许：下一场大雪吧。

一夜大雪，世界立马变得粉妆玉砌。这世间，除了大雪还有怎样的神力会如此纷纷扬扬、铺天盖地？还有谁能让所有庸俗的现实都带上纯洁的理想？

大雪纷飞的早上，打开靠北的那扇窗，就像打开一扇童话的大门。那么轻盈，那么明净，那么静谧。斯时斯地，与雪花一起飞舞的，定然是你感叹天地大美的惊喜和尖叫。

房屋、道路、树木、原野……置身于白雪皑皑的城市，一切是那样熟悉，一切又如此陌生。天地飘飘，不知今夕何夕。

那掩映如画的玉树琼枝，难道是平日里那灰尘满面的行道树？屋顶上的雪，斜斜的一方，睡在那里，有棉絮的厚与软，却比它更洁白和干净。

白雪覆盖的世界，有一种丰富的安静。所有的喧嚣皆散去，所有的飞鸟去向远方。立在窗前谛听，弥漫在天地之间的，只有无边无际的轻盈与细切，只有瓦楞外雪压树枝时砰然断裂的声响。

已讶衾枕冷，复见窗户明。夜深知雪重，时闻折竹声。

白天与黑夜，本来泾渭分明。可是，一场大雪以其神奇的反光，稀释夜的黑，让雪夜变得轻薄而透明。

一夜大雪，会让人们看到生活的另一种可能。

下雪的时候，你看吧。还是这个城市，还是这些道路，所有的车都放慢了速度，所有的脚都减缓了步子，所有的雪地行走，都变得不忧、不惧、不急、不躁。

谁都想让生活慢下来，谁都想等一等自己的灵魂。可是，各种追逐，总在让世界以一种加速度奔跑。其实，我们与理想的慢生活，只相距一场大雪。

雪夜开启的慢生活会是怎样一种情调呢？是小火炉里跳动的那一堆炭红，还是火锅里飘出的诱人腊味？是一壶老酒的香醇，还是一棵黄芽白的春意？是一株大蒜的油绿，还是一片豆腐的柔嫩？是袖手于灶脚的平凡与亲爱，还是将世界挡到门外的忘却与温馨？人生总有各种大事要做，可是，每个人都愿意在雪花飞舞的日子里，抱着一堆明亮的火，虚度光阴。

"孤舟蓑笠翁，独钓寒江雪"的孤独，"飞起玉龙三百万，搅得周天寒彻"的雄浑，"大雪压青松，青松挺且直"的高洁，哪一声雪的咏叹都令人肃然起敬。然而，在闲适的雪夜里，笑读张打油的"江山一笼统，井上黑窟窿。黄狗身上白，白狗身上肿"，那里是不是也有一种卸却意义的天真可爱？

大雪之日，时光缓慢；天地琼瑶，苍茫悠远。

"人生到处知何似，应似飞鸿踏雪泥。"生命如此倏忽，却又如此执着。而终究，它只是一篇"雪泥鸿爪"的寓言。

每一场大雪，似乎都在等待一个漂泊者的归来。

日暮苍山远，天寒白屋贫。柴门闻犬吠，风雪夜归人。

当中唐贬客刘长卿行至那个叫芙蓉山的村落，大雪纷纷扬扬正下得紧。这个自许为"五言长城"的才子，凭借一首绝句，让一千多年前的黄昏永远暮雪纷纷。

据说此诗存有诸如"归人究竟是谁"的争议。凭我的直觉,"白屋",与其解释为覆盖着白茅的小屋,不如说是那间落了积雪的白色小屋;而"风雪夜归人"更不会囿于诗人或芙蓉山主。普天之下,所有顶风冒雪的,谁又不是那"风雪夜归人"?"今我来思,雨雪霏霏"里的征人如此,"山回路转不见君,雪上空留马行处"的友朋亦如此。

大雪等待着每一个归人,也等待着每一个隐者。因为,只有孤独者,才会选择大雪之日,"独与天地相往来"。

明末清初,西湖的山水之间,隐居着一位大明王朝的遗臣。他叫张岱。其时,帝国大厦已倾,宫廷繁华散尽。在辽阔的江山之外,只他一个零余的背影。个体与王朝,卑微与强大,内心与天地,在一场大雪里尽显生命的张力。那样的张力,属于他的身世,更属于他的小品。

在《湖心亭看雪》里,他写道:"雾凇沆砀,天与云与山与水,上下一白,湖上影子,惟长堤一痕、湖心亭一点,与余舟一芥、舟中人两三粒而已。"在"上下一白"的茫茫雪地,舟为一枚"草芥",人也不过是"一粒"些微。大雪中偶遇的客居金陵者,其心中自有雪光掩映下的浓郁乡愁。可是,对张岱这样一个由前朝"客居"今朝的隐者来说,其心中又雪藏着怎样一种旷古卓绝的孤独呢?

雪的苍茫里,并不只有孤独。古往今来,大雪带给我们的是丰收的祥瑞,更重要的是,它早与风、花、月一起,构成了中国文人的诗意和审美。

作为节气的大雪，并非天气预报。只是，这个时间节令，显然赋予了一种雪的精神和气质，像是上苍对时间的安排。

时间和万物一起，行经此处。一路走来，经历过春雨的淅淅沥沥，夏日的暑气腾腾，秋天的霜华露重，而今，真的需要在严寒里纵情飞扬，欣然绽放。

大雪，不只是时间的行迹，更是一场岁末的仪典。

古人将"鹖旦不鸣""虎始交""荔挺出"视为大雪三候。

就在人类将大雪当作归程之际，天上飞禽、林间走兽、地上兰草，它们都在雪地里悄然启程。

鹖旦、老虎、荔，或禽，或兽，或草木。这些生命皆已罕见其踪，然而，它们对天地之气的感应早就内化于心。

午间散步的时候，正好从一片树林走过。那些黑色与灰色的鸟类，只在树枝间扑棱着翅膀，却未发一声。或许，它们在沉默中蓄积力量，为了另一个新春的来临吧。

老虎乃兽中之王，就在这天寒地冻中，它们开始了生命的交配，它们将在凛冽的寒冬里孕育暖阳下的凛凛威风。

雪被下古莲的种子，那是一种神圣。而我们更像大雪过后的兰草，感天地之阳气，悄然挺出生命的新嫩。

文学里的大雪，是一种文化人格。而节气里的大雪呢，则是一曲生命欢歌。

冬至之日，正是天地日月阴阳之气并生之时，周王朝曾以冬至为岁首。每年一次的岁（木）星遥与北极星遥遥相对之时，充满帝皇之气的太阳就照耀在最南边。此日，百官朝拜金銮殿，宫中大摆筵席，载歌载舞，君臣同饮，庆贺这盛大的节日。万邦来朝，都在称颂这政治清明的太平盛世，如此，谁还敢轻易挑起边疆之战？

22

冬至

初候

蚯蚓结

↓

二候

麋角解

↓

三候

水泉动

唐·元稹

二气俱生处，
周家正立年。
岁星瞻北极，
舜日照南天。
拜庆朝金殿，
欢娱列绮筵。
万邦歌有道，
谁敢动征边？

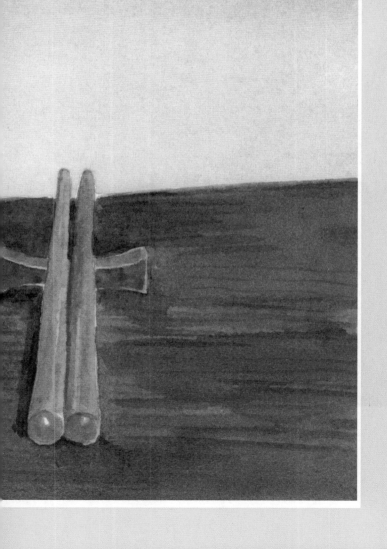

冬

清·金廷标《冰戏图》

至

冬至

泯然于黑白交替　　谁曾记得一阳复生的玄机

从来不曾像现在这样凝望太阳。

我在这头，霜冷长河；她在那头，温暖如春。

此刻，她的已然抵达南方的尽头，那越过高山大海的目光里充满着思乡的温柔。那是光照的边界，亦是时间的边界。

终点交织着起点，抵达融汇为归来。

那条线，叫南回归线。

回归，不是"行到水穷处"的历史终结，而是"坐看云起时"的万物新生。

早在先秦时代，人们在以土圭观测太阳时，就发现了这种神奇的回归，将这个时间节点命名为"冬至"。

这是二十四节气中较早被确立的一个。至者，极也。一年之中，此日黑夜最长，白天最短。这与夏至遥遥相对。此所谓"冬至至长，夏至至短"。

或许，从来没有人计较过白昼与黑夜的短长，但，天地在乎。

在上苍那里，时间不是执黑与执白的对弈，日子亦非多米诺骨牌，人间更不是永不停息的钟摆。没有哪一个白天与黑夜可以等量齐观。在冬至与夏至之间，每一个白天与黑夜皆如女娲造人，独一而无二。

从此，黑与白，是昼夜，是色彩，是时间，是对举与转化的力量。它蕴涵着生命大道，化身为更替与消长、转化与孕育、代谢与生长。由黑白出发，天地相亲，男女和合，阴阳相转，日将月就，潮涨潮落，存在与时间，成为生生不息的生命共同体。

阴阳，让天地宇宙充满生命的气象。冬至，乃阴极之至。阴极，而阳生。这是天地号令下的辞旧迎新。

早在《诗经》时代，冬至就是一年中最庄重而欢愉的日子，香火氤氲，爆竹声声。沿汉唐两宋，直至明清，在两千多年岁月里，冬至的降临始终意味着浩大的人间仪礼。

那是敬天祭祖的日子，亦是休养生息的闲暇。

据《后汉书》记载："冬至前后，君子安身静体，百官绝事，不听政，择吉辰而后省事。"《宋书》则云："冬至日，受万国及百僚称贺⋯⋯其仪亚于岁旦。"宋代《东京梦华录》的描述则更为生动："京师最重此节，虽至贫者，一年之间，积累假借，至此日更易新衣，备办饮食，享祀先祖。"

倘若时光倒流千年，可谓"冬至大如年"。皇帝于冬至日率百官至南郊祭天，百官皆服华服。至民间，家家祭天敬祖，摆酒设宴。

举国罢市三日，店铺皆歇业休息，到处是熙攘的人流，繁华的街市，华整的车马，柳河边妍丽的妇人，摊贩前无忧的小儿。那些祈祷，那些仪典，那些风俗，而今都被时间吞没，只留下这个叫"冬至"的节令。

当我从公元 2017 年的冬至醒来，这个日子已然成了现代人漠然相对的日子。它抖落掉数千年的厚重礼仪与神秘敬意，泯然于任何一次黑白交替。除草木之外，鲜有人感念一阳复生。抽空了所有习俗与寄寓的"冬至"，如同时间的废墟，叫飘浮在天国的唐宋灵魂无法相认。

其实，节气是天地万物的境遇，又何尝不是一种文化的境遇？

文化之于时节，从来不只是意义赋予，而是生活的日常，会涉及饮食男女、民风民俗之种种。

冬至日，吃馄饨是北方人的约定俗成。在馄饨由来的种种传说中，《燕京岁时记》里的说法最得我心。"夫馄饨之形有如鸡卵，颇似天地混沌之象，故于冬日食之。""馄饨"与"混沌"谐音，这就让最深的哲学开放在最朴素的民间，诉诸我们的一餐一饮。

自冬至始，数九寒天便开始，此为"进九"。数九者，即以九天为一个时间单位，历九九八十一天，迎接春开。冬至是"阳始生"之日，以九九之阳，方解厚积之阴。这对"风刀霜剑严相逼"的人间来说，是极其漫长的等待，就像历经九九八十一难。

何以越过苦寒，又何以迎候新春？这简直是一句哲学的天问。这个过程，隐含着境遇、天道与人心。这是对自然的艰难突围，更是对心灵秩序的重建。时间流经此处，显出哲学家的深沉，亦不乏诗人的风雅。

九九消寒图便是这场风雅的明证。它起于明，盛于清，分"写九"与"画九"两种。这张图，是经冬复春的古老行迹，更是盼春思归的心灵印痕。

所谓"写九"，即人们于白纸上以双钩描红笔写下九个字，道是"庭前垂柳珍重待春风（風）"。在传统写法中，这九个汉字，每个皆为九画，正好对应着"数九"时间。自冬至日起，人们每天以色笔填写一画，待九九八十一画写完，正好就是人间好春时。数九寒冬里的不同天气见于不同色笔：晴为红，阴为蓝，雨为绿，风为黄，雪为白。

也有纯以黑白显示者。即以笔筒于每字旁画九个小圈，将天气标在不同位置。此所谓"上点天阴下点晴，左风右雨雪中心。点尽图中墨黑黑，便知郊外草青青"。

这世间，我不知还有哪个民族会以如此诗意的方式来对待自然与时间。在无数山南水北的窗前，那么多握着纤毫的手，那么多专注的表情，那么缓慢的时间节奏，那么饱满而生动的柳色与春风，他们是何等美丽的心灵心态啊。这些美好，在汉字的笔画间悄悄绽开，亦如时间生长。

"画九"者，更具直观性。在洁白的宣纸上，人们画上九枝寒梅，每枝九朵；一枝对应"一九"，一朵对应"一天"。据天气，每天选择颜色填充。如是，九枝寒梅渐次开放的样子，恍如春回大地的悄然脚步。纸面就是山水，时间可以开花。你想，无论在多么清贫的白屋，有了一张这样的"雅图"，满屋是不是就有了芬芳？

这是生动的民俗，并非文人的风雅。什么时候，这些汉语的诗意已消散随风？冬至之日，我们甚至连天空都不太愿意仰望，又还有谁会去冥思大地的事情？

古人以"蚯蚓结""麋角解""水泉动"为冬至三候。

对春敏感的，或许不是天空，而是大地；不是高山，而是流水。

于蚯蚓而言，大地就是它的天空；于泉水而言，它就是春天的音韵。至于麋角，麋以自己的头角，让阴阳之变看得见。

我发现，所有古人所发现的这些征候，没有一个不卑微、细腻，就像九九消寒图里那些轻轻的笔墨一样。

莫非，对于生命阴阳的敏感，卑微往往胜于宏大？

小寒时节如同乐律之首的『大吕』奏响一般，喜鹊也感知到春天将至的气息，开始喜筑新巢。它们在河道弯曲的地方觅食，绕树衔枝筑巢。不畏严寒的雄鹰，面北蹲伏于山岗或树林间，山鸡野鸟则藏匿在茅草丛里鸣叫。不要抱怨天气仍然寒冷切骨，春冬交替很快就会开始了。

23

唐·元稹

小寒连大吕，
欢鹊垒新巢。
拾食寻河曲，
衔柴绕树梢。
霜鹰延北首，
雏雉隐丛茅。
莫怪严凝切，
春冬正月交。

小寒

初候

雁北乡

↓

二候

鹊始巢

↓

三候

雉始鸲

小

宋·马远《晓雪山行图》

寒

小
寒

凛冽如铁的冷夜　自有一种独立之美

小寒之日，你在案头铺一页素笺，仿佛水瘦山寒间的一片雪地。

所有与寒相关的汉语，都带着古典的况味，在那雪地上纷纷扬扬。

寒山，寒江，寒雨，那是天地；寒林，寒枝，寒叶，那是草木；寒乡，寒门，寒窗，那是世态；苦寒，清寒，凄寒，那是人情；寒鸦，寒塘，寒衣，那是物语……

寒暑，乃山河岁月；炎凉，系世道人心。温不增华，寒不改叶，上苍从未厚此而薄彼。

然而，诗人更愿意以春暖花开的期许来安慰这周天寒彻。于是，冬天成了春天的等待，寒意成了温情的陪衬。正如雪莱的经典发问：冬天来了，春天还会远吗？

其实，大自然各美其美，人间日日是好日。寒暑易节，春秋代序。凝重的寒意哪里又逊色于明媚的春光？

···立春···雨水···惊蛰···春分···清明···谷雨···立夏···小满···芒种···夏至···小暑···大暑···立秋···处暑···白露···秋分···寒露···霜降···立冬···小雪···大雪···冬至···**小寒**···大寒···

天地
有节   198   ⅠⅠⅠⅠⅠⅠⅠⅠⅠⅠⅠ

在南方的冬日海滨，或许正有那"沙暖睡鸳鸯"的温馨吧。

海风吹动椰林，雪浪拍打礁石。水天相接的浩渺间，白色的海鸟掠过桅帆，只有潮汐发出沙沙的声响。春天好像尚未离开，三角梅依然在风里吐露芬芳。斯时斯域，谈论小寒，谈论这个最冷的节气，无异于谈论一个遥远的传说。你如何能想象得到：人间最深的寒意已悄然来临。

上苍赐予候鸟以翅膀，让它们在寒暑之间长途迁徙，去为生命找寻温暖的栖居地。然而，没有翅膀的人类，也不必黯然神伤。

南岭以北的我们，可以去南方度假，可以去海边观光，而更多的寻常日子，不妨领受寒冬的所有馈赠。

当你自海边归来，走出机场便是那刺骨的寒风。你分明感到，相对于南国的暖熏，与其说这是一种凛冽，不如说是一份清新。

海滨的人们说，那里终年没有雪，一件薄薄的毛衣即可御冬。听起来，感觉很美。可是，如果真的将寒冬与冰雪从岁月里抽离，那样的美好还是不是完整的呢？

且不说别的，那么多寒意飕飕的古典诗境，对他们来说，仅仅成了一场隔着文字的眺望，何曾有我们这么刻骨铭心？

享受一种赐予的时候，总有一份剥夺如影随形。如是，你不必喜柔条于芳春，亦不必悲落叶于寒风。西风愁起绿波间，美在凭吊与伤感；风萧萧兮易水寒，美在决绝和悲壮。

寒，从来就是一种不比照于春色的独立审美。

此刻，看看窗外的树木吧。

苍穹之下，那一根根黑色的树枝，沉默而苍劲，伸展在宋元山水的寂寞里。在这里，没有生命的汪洋恣肆、沛然勃发，但是不是有一种迥异于春天的风骨，有一种孤独、沉思与内省？天寒地冻里，它们是不是另外一种峻峭的诗情？

歌德说："未曾哭过长夜的人，不足以语人生。"在我看来，相对于夏日黎明的喷薄，寒夜更像是一曲庄严的颂歌。

虫声隐退，冷夜如铁。寒夜的灯火，像那人间的眼；而庭中月色，正如远方捎来的薄薄信笺。你在炉火的微光里，独自怀念走过的路，遇见的人，经历的事。近者，历历在目；远者，暗吐芳华。伤感中，夹杂幻灭；自在里，又生出慈悲。而这一切，皆在寒冷与温暖之间，历史与未来之间，内心与天地之间，弥漫，萦绕，升腾⋯⋯这样的寒夜里，可以没有主客，却不能少了那一壶老酒，那一卷历史与诗歌。

人生之百味，就在"清水里呛呛，血水里泡泡，咸水里滚滚"；生命之真相，就是在时间之流上"独钓寒江"。

人生的求索与担当，并不会拒斥优雅与清欢。

寒夜客来茶当酒，竹炉汤沸火初红。寻常一样窗前月，才有梅花便不同。

诗意盈怀的时候，茶亦当酒。而今这小寒的夜色，也如此浓烈，是不是可以之为酒，痛饮一杯？

寒暑自知，方可不怨天；不怨天，方可不尤人。

钟鸣鼎食的富贵，或许会令世俗称羡；而生于寒微或拔起寒乡，又何尝不是幸福的成全？

我的小寒记忆，至今还停留在那个乡间灶脚。

寒风呼号的时节，父亲便在那里烧火。干干的树蔸树根，在灶膛里燃烧，发出轻微而欢快的脆响。火光映着父亲的苍老，也映着少年的沉静。

每当父亲用火钳从红红的灰烬里掏出一只烤红薯时，那间小屋就弥漫起美妙的温暖和甘甜。而今，父亲已化作了天国里的眼睛，那满屋寒素，也成了我永不消退的人生底色。

多年以后，当我读到白居易的"心忧炭贱愿天寒"的时候，当我读到杜甫的"安得广厦千万间，大庇天下寒士俱欢颜"的时候，我都会想起童年的那间小屋，想起那一屋子的贫寒。

一个人的生命，就是一个人的遇见。每一份遇见，都那样弥足珍贵。包括苦难、逆境与严冬。

想起南北朝时那个叫庾信的诗人。

父亲赋予了他文学的天资，他又少年得志。他的才华，也曾开在温暖如春的宫廷。而历史所记住的，却并不是那样的荣华富贵。如果不是他后来流落北国，如果不是滞留他乡不得南返，庾信又何以"暮年诗赋动江关"？

正如杜甫所言："庾信文章老更成，凌云健笔意纵横。"

同样的，屈原、贾谊、柳宗元……几乎所有的贬客逐臣，他们，如果不是经历了人生的寒冬，又何来思想与文字的郁郁青青？

小寒，美在寒冷本身，亦美在寒冷里的消息。

然而，最先从寒意里听见隐约消息的，不是人类，而是飞鸟。

小寒三候，全都关乎飞禽。一曰"雁北乡"，二曰"鹊始巢"，三曰"雉始鸲"。

鸟类先于人类在这个星球上生存繁衍，古人早就给了它们应有的敬重。他们清楚，鸟类对于节候的变迁，有着比人类更敏锐的感知力。

从今天起，立秋时去了南方的大雁相约在风中疾速转向，向着北方奋飞。

大雁并不与人类相亲，却为人间共仰。一只大雁的身上，甚至寄寓着中国文化的"仁、义、礼、智、信"。

雁结阵飞行，彼此关爱，此为"仁"；雁阵或飞为"人"字，或飞为"一"字，一切唯领头雁是瞻，此为"礼"；雁落地时，休息者、放哨者，各司其职，猎人极难捕获，此为"智"；大雁依时令南来而北往，此为"信"。

而最令人感慨的，是大雁之"爱"。

它们雌雄相配，从一而终。元好问的《摸鱼儿》写道："问世间，情是何物，直教生死相许。天南地北双飞客，老翅几回寒暑。"这令人唏嘘的情诗，最初却是献给大雁的。"渺万里层云，千山暮雪，只影向谁去？"想想，还有怎样的绝尘之恋，能如此穿透生死，消失于时间的苍茫里？

人类喜欢以怀春为爱情之喻，飞禽却更有先见之明。

小寒十日之后，即"雉始雊"。雉者，阳鸟也。这种山间野鸡，率先捕捉到寒意里阳气萌动的节律，并以身体的春情予以回应。在枯黄的茅草间，它们咕咕叫向蓝天发出了爱的信号。

小寒这么冷，一步步将时间逼向年关。你一定会以为万物都在瑟缩与蜷伏中期待温暖吧。哪里料到，在鸟类的世界，那凛冽的严寒，竟然孕育了这么多生命的舒展与欢欣！

问寒夜，还有怎样的人间炉火，会胜过心灵的相互取暖？

宋·佚名《雀山茶图》

24

大寒

初候

鸡乳

↓

二候

征鸟厉疾

↓

三候

水泽腹坚

唐·元稹

腊酒自盈樽，
金炉兽炭温。
大寒宜近火，
无事莫开门。
冬与春交替，
星周月讵存？
明朝换新律，
梅柳待阳春。

腊月里酿的酒，已经倒满酒樽，金属铸造的炉子里，兽形的炉炭熊熊燃烧。屋内温暖无比。大寒时节，正宜围炉，倘若无什么事，千万不要出门。此时正值冬春交接，星宿回归故位，一年将尽，岁月当能留存？新年快到了，历法换新如乐律换调，梅花、杨柳都在期待春天的到来。

大

宋·燕肃《寒岩积雪图》

寒

大
寒

年岁收尾　情怀里藏着归程与期许

　　清晨或黄昏，站在十一层顶楼阳台上极目北望，但见天色青灰，寒烟苍翠。簇拥的暗绿中，隐约着古船似的屋宇飞檐。

　　天已大寒，岁近年关。

　　"年关"这词，实在太妙。简单的组合里，时间化为空间，心情化为物语，穿行化为跨越。

　　有关，必有开。关的是"年"，开的是"春"。

　　大寒，二十四节气的收尾；立春，二十四节气之起始。终点连着起点，年岁却是一轮。

　　时间恍如江流入海，如此辽阔，又如此舒缓。

　　大寒之日，每一片落叶都飘向大地；年关岁末，每一条道路都响起归程。

　　如此浩荡而温暖的人间天伦，竟交给最寒冷的自然节令来一一见证。上天何以如此安排？我想，不经寒夜风雪，又怎么如此在意故园的灯火，又怎么如此珍重围炉夜话的温暖亲情？

以血缘为纽带的家国情怀，最宜在大寒节气里和着烈酒重温。

小寒大寒，杀猪过年。岁入大寒，不能不说到过年。

上古传说里，年是一只作恶人间的怪兽。爆竹、桃符以及其他一切代表欢庆的红色物件，追溯至初始，皆为驱邪镇恶。先民之所以将年想象为一头怪兽，或许关乎万物有神观念下的力量崇拜。此间审美，或许与早期青铜器以狰狞的饕餮为图腾遥相呼应。

今天，你无法再从年的笔触里找到凶恶的蛛丝马迹。相反，年的样子，更像是一棵开花的树。万千祈祷与祝福，万千怀念和憧憬，全都像黑色的籽，结在年的枝丫里。

年，本是诸神降临的日子，始终带着震荡山河的鞭炮之声。正如鲁迅先生于《祝福》中所写：

远处的爆竹声连绵不断，似乎合成一天音响的浓云……

大寒深处，时间如冰泉凝滞。庭前垂柳，喜迎远方游子；祭祀仪典，宴请先祖灵魂。

横向与纵向，世界与历史，都交织在这里。而年味，就弥漫在这个时空里的一饮一食、一仪一典、一言一语之间。

一张圆桌，就像是一个历史的年轮。一桌饭菜，就是一桌乡愁。

记忆里一直有一桌热气腾腾的年夜饭。

每年除夕夜，桌子正中照例是火锅。往沸汤里加入芫荽、红菜薹、黄芽白、上海青的时候，那感觉，是在冬天里加入了春天。大碗蒸的腊肘子底下，埋着黝黑的酸菜。那酸酸的味道里，存留着院子里的阳光。至于那些腊鱼、腊肉、腊鸡、腊鸭，早在灶间烟熏日久，一律都是咸咸的，有真正的烟火味道。而最宜下酒的，莫过于牛肉、腊肠与猪肝。当然，鱼是绝对不可少的。这叫岁岁有余嘛！

小时候，我最念念不忘的，还是母亲做的腊八豆。发酵过的豆，极鲜美，再佐以青翠的蒜叶，色与味几成绝配。还有一个小碟，那是母亲从坛子底下掏出来的黑黑的、冰冰的、带甜汁的洋姜。

吃过团圆饭，泡一杯绿茶吧。最好是用很深的玻璃杯，滚烫的开水冲下去，平静之后，水中倒映出半杯茶山春色。

除夕夜稍深，母亲必定要敬神。堂屋正中摆一方桌，三生果供馔于其上。一阵爆竹响过，母亲久久地跪在烛影里。她以内心的虔敬，迎接列祖列宗魂兮归来。

腊月的其他仪式还不少。

十二月初八，为腊八节。这是吃八宝饭的日子。八宝者，糯米、大米、赤小豆、薏米、莲子、枸杞、桂圆、大枣等八样食物也。相传，释迦牟尼的得道之日也是十二月初八。腊八节，也就是"佛成道节"，庙宇会布施"佛粥"。

还有，民间祭祀土地公公的习俗，称作"牙祭"。自二月初二的"头牙"算起，腊月十六即为"尾牙"。尾牙宴当然是一场重要宴席。此席中，白斩鸡不可或缺。做买卖的老板，他要借这道白斩鸡来暗示员工的去留，规则是：鸡头朝向谁，谁将被解雇。当然，一般时立春···雨水···惊蛰···春分···清明···谷雨···立夏···小满···芒种···夏至···小暑···大暑···立秋···处暑···白露···秋分···寒露···霜降···立冬···小雪···大雪···冬至···小寒···**大寒**

天地
有节

210 | | | | | | | | | | | |

候，老板会让鸡头对自己，以让大家都放心。到今天，依台湾风俗，自尾牙之日始，即是过年。

年，是一场口舌盛宴，也是一场语言盛宴。

大寒大寒，"家家刷墙，刷去不祥；户户糊窗，糊进阳光"。大量的过年风俗，都指向汉语的谐音艺术。如过年踩芝麻秸，寓意为"节节高"；画一只喜鹊立在梅枝，寓意为"喜在眉梢"；除夕之夜将柴火烧得很旺，寓意为"人兴财旺，红红火火"。

记得有一年，我从学校得到的奖品是一个铁质文具盒，其上所画为鲤鱼跳龙门。父亲很高兴，因为"龙门"与"农门"谐音。

在乡间，一炉炭火，总将大寒关在门外。如果不迎着寒风出去走走，你并不知道，河边的柳树，正爆出一颗颗米粒大小的芽苞了；而园子里的菜蔬兀自清新，无须借谐音来讨得吉兆。

最清新的，莫过于大寒里的花事。自小寒至谷雨，八个节气，二十四候。每一候都会开一种花，此之谓"二十四番花信风"。

池塘边那一株梅，开出了东风第一枝吧？正是小寒那天开的。后院的山茶开了，案头的水仙也开了。大寒这天开的是瑞香，接着是兰花，再是山矾。

立春之后，可谓"百般红紫斗芳菲"。煦暖阳光下，迎春、樱桃、望春开了。细雨蒙蒙里，油菜、杏花、李花开了。惊雷响过，桃花、棠梨、木兰开了。到了清明节，桐花开了，麦花开了，柳花也开了。谷雨之后，牡丹开过，荼蘼开过，楝花开过。

孔子说："岁寒，然后知松柏之后凋也。"

雪压青松是一种卓绝。那么，寒夜花开又何尝不是一份期许？担当，是一种入世之美。飘逸，又何尝不是出世之美？大自然的语言里，总藏着生命的智慧。

大寒有三候：一候"鸡乳"，二候"征鸟厉疾"，三候"水泽腹坚"。

母鸡孵小鸡，始于最寒的日子。这意味着那些毛茸茸的小可爱，将拥有春天一样的童年。桂花树下，水井周围，篱落之外，晨昏午昼之间，那些唧唧交谈，或偏头谛听的小机灵，当它们随着母亲在春光里散步、觅食、嬉戏、捉虫的时候，谁不会泛起生命的温柔与家园的温馨？这时候，或许只有那只母鸡还清楚地记得当初孵卵时的孤独寂寞冷。

"征鸟厉疾"这一候，令人想起"草枯鹰眼疾，雪尽马蹄轻"。在南方，鸟的消息已经久违了。寒意一天天加深，春天一日日临近。寒意既然从苍穹里俯冲而下，那么，春天必然将是高天流云吧。

今日乡间，征鸟似乎成了一种传说。苍鹰绝迹，喜鹊鲜有，乌鸦不见，就连蝙蝠与猫头鹰，也都不知所终。

一个没有征鸟在场的大寒节令，人类的寂寞是不是也如"夕阳山外山"？

三候之"水泽腹坚"，指大寒后水面结冰的位置已至中央。在我儿时的记忆里，池塘结冰的时候，人可以在上面行走。那么冷的天，茅草檐前，或棕榈叶上，到处都悬挂着长长短短的冰凌。太阳照着它们，晶莹地闪着光。

多少年了，故乡的水塘再也没有结过冰，檐前自然也就没有了长长的冰凌。

大寒怀念寒冷，就像天空怀念飞鸟。而每一个此刻，终将又是明日的怀念。

唐·李思训（传）《京畿瑞雪图》